Ihre Arbeitshilfen zum Download:

Die folgenden Arbeitshilfen stehen für Sie zum Download bereit:

- Markendossier
- Persona Empathie-Karte
- Customer Journey Map
- Link-Listen
- Checklisten
- Persona Branding Checkliste

Den Link sowie Ihren Zugangscode finden Sie am Buchende.

Marke[3]

Anke Hommer

Marke³

Ein praktischer Leitfaden zum ganzheitlichen Markenaufbau

1. Auflage

Haufe Group
Freiburg · München · Stuttgart

Bibliografische Information der Deutschen Nationalbibliothek

Die Deutsche Nationalbibliothek verzeichnet diese Publikation in der Deutschen Nationalbibliografie; detaillierte bibliografische Daten sind im Internet über http://dnb.dnb.de abrufbar.

Print:	ISBN 978-3-648-13467-2	Bestell-Nr. 10457-0001
ePub:	ISBN 978-3-648-13468-9	Bestell-Nr. 10457-0100
ePDF:	ISBN 978-3-648-13469-6	Bestell-Nr. 10457-0150

Anke Hommer
Marke³
1. Auflage, Januar 2020

© 2020 Haufe-Lexware GmbH & Co. KG, Freiburg
www.haufe.de
info@haufe.de

Bildnachweis (Cover): © emojoez, Adobe Stock

Produktmanagement: Judith Banse
Lektorat: Monika Spinner-Schuch

Inhaltsverzeichnis

Am Anfang steht das Wort. 11

1	**Willkommen Marke: das Markenprofil** 15
1.1	Ohne Fleiß kein Preis: Am Anfang steht immer die Analyse 15
1.1.1	Erste Analysen mit Spaß 15
1.1.2	Jetzt wird's ernst: die Marktanalyse 17
1.1.3	Die Mitbewerberanalyse 22
1.1.4	Die Kundenanalyse 24
1.1.5	Rechts. Links. Vor und zurück 33
1.1.6	Regelmäßiges Marktmonitoring 35
1.2	Der Kern der Marke: So wird sie einzigartig 36
1.2.1	Stufe 1: Das Fundament – Ihre Kernkompetenzen 37
1.2.2	Der Kundennutzen 41
1.2.3	Die Markenwerte 42
1.2.4	Das Markenversprechen: der USP 49
1.2.5	Claim, Slogan oder was? 53
1.3	Pflicht oder Kür (Markenrechte und Patente) 54
1.4	Noch mal: Ziele, Zielgruppen und Visionen 58
1.4.1	Ziele und Visionen 58
1.4.2	Zielgruppe 61
1.5	Storytelling: Geschichten erwecken Marken zum Leben 65
1.5.1	Mit Storytelling überzeugen 67
1.5.2	Storytelling oder Content-Marketing? 69
1.5.3	Wie findet man die richtige Geschichte? 70
1.5.4	So erzählen Sie eine gute Story über Ihr Unternehmen 71
1.6	Brand und Corporate Purpose 72
1.7	Am Ende läuft's: der Elevator Pitch 74
1.7.1	Was macht einen guten Elevator Pitch aus? 75
1.7.2	Acht Tipps für einen gelungenen Elevator Pitch 76

2	**Das Gesicht der Marke** 79
2.1	Das große ABCD: vom Corporate Design bis zum Webdesign 80
2.1.1	Das ewige Missverständnis: CI oder CD? 80

2.2	Das Corporate Design	82
2.2.1	Logo ist klar, oder?	84
2.2.2	Schrift	93
2.2.3	Farben	98
2.2.4	Bilder und ihre Sprache	101
2.2.5	Gestaltungsraster	104
2.2.6	Webdesign	104
2.2.7	App-Design	107
2.2.8	Jedes Detail zählt: PowerPoint, Autosignatur und Co	107
2.2.9	Das CD-Manual	109
2.3	Das Entdecken aller Sinne	111

3	**Die Marke wirkt. Von innen nach außen**	**117**
3.1	Corporate Behaviour: der Mitarbeiter als wichtigster Markenbotschafter	119
3.2	Corporate Culture: Kultur ist Trumpf	124

4	**Wo bewegt sich Ihre Marke? Die Markenkommunikation**	**129**
4.1	Die Botschaft	130
4.1.1	Wie und wo kommuniziert man den USP?	131
4.1.2	Welche Sprache spricht die Marke?	135
4.1.3	Authentizität als innerer Kompass	138
4.2	Die Kanäle	140
4.3	Die Kampagne	148
4.4	Der Absender	151
4.5	Die 10 wichtigsten Regeln für die Markenkommunikation	152

5	**Der Markenraum – die Marke im Raum**	**153**
5.1	Die Wirkung von Räumen: Raumpsychologie	153
5.2	Die Übersetzung von Markenwerten in Räume	156
5.3	Wer kommt schon in das Büro?	159
5.4	Achtung: Kunde kommt (Gestaltung von Läden, Restaurants und Kundenräumen)	162
5.5	Messen und Veranstaltungen	168
5.5.1	Messen	170
5.5.2	Veranstaltungen	171

6   Die Marke – eine unendliche Geschichte. Aktives Markenmanagement 173

6.1   Customer Journey, die Kundenreise 173

6.2   Die Flexibilität der Marke 178

6.2.1   Bedingungen ändern sich 179

6.2.2   Hilfe, wir müssen die Marke ändern! 184

6.3   Die Kunst des aktiven und agilen Markenmanagements 187

6.4   Was ist wichtiger? Marke oder Unternehmen? 190

6.5   Erfolge des Markenmanagements messen 192

6.6   Intelligente Markenführung 196

6.7   Der Mensch als Marke – People Branding 197

Die Autorin 201

Literatur- und Quellenverzeichnis 203

Abbildungsverzeichnis 207

Stichwortverzeichnis 209

Am Anfang steht das Wort.

Und damit sind wir auch schon mitten im Markengeschehen. Hätte ich die übliche Überschrift »Vorwort« oder Ähnliches gewählt, würden Sie diesen Text wahrscheinlich ignorieren. Die andere Art der Überschrift jedoch hat Ihre Aufmerksamkeit erregt. Und das aus einem guten Grund: Denn Sprache ist ein überaus mächtiges Instrument und ein elementarer Pfeiler beim Markenaufbau. Doch dazu später mehr.

Herzlichen Glückwunsch! Sie haben sich entschieden, eine neue Marke aufzubauen, eine bestehende Marke zu optimieren oder diese aktiv zu gestalten. Gemeinsam werden wir nun Schritt für Schritt alles dafür Notwendige erarbeiten und mit Leben füllen. Doch zuerst lassen Sie uns ein einheitliches Verständnis von **Marke** gewinnen. Was genau ist eine Marke? Hier zwei klassische Definitionen:

1. Eine **Marke** ist ein eingetragenes Kennzeichen
   »Eine Marke dient grundsätzlich der Kennzeichnung von Waren und/oder Dienstleistungen eines Unternehmens. Schutzfähig sind Zeichen, die geeignet sind, Waren und/oder Dienstleistungen eines Unternehmens von denjenigen anderer Unternehmen zu unterscheiden. Das können beispielsweise Wörter, Buchstaben, Zahlen, Abbildungen, aber auch Farben, Hologramme, Multimediazeichen und Klänge sein. Markenschutz entsteht durch die Eintragung einer angemeldeten Marke in das Register des Deutschen Patent- und Markenamts (DPMA). Daneben kann Markenschutz auch durch Verkehrsgeltung infolge intensiver Nutzung eines Zeichens im Geschäftsverkehr oder durch allgemeine Bekanntheit entstehen.«[1] Bei dieser Definition geht es also um eine Marke und deren Schutz im juristischen Sinn.

2. Eine **Marke** ist eine Idee, die zu einem Statement wird
   »Eine Marke kann als die Summe aller Vorstellungen verstanden werden, die ein Markenname oder ein Markenzeichen bei Kunden hervorruft oder beim Kunden hervorrufen soll, um die Waren oder Dienstleistungen eines Unternehmens von denjenigen anderer Unternehmen zu unterscheiden.«[2] Bei dieser Definition steht nicht die Marke/das Kennzeichen im juristischen Sinne im Fokus, sondern die Marke als Idee, die mit Leben gefüllt werden muss.

---

1   https://www.dpma.de/marken/markenschutz/index.html
2   Gabler Wirtschaftslexikon

Und genau darum geht es in diesem Buch: eine Marke mit Vorstellungen zu hinterlegen, damit ein klares, unverwechselbares und natürlich begehrenswertes Bild im Kopf der Verbraucher entsteht.

Um dieses Bild zu entwickeln und erfolgreich und dauerhaft in den Köpfen zu verankern, bedarf es einer ganzheitlichen und vor allem empathischen Markenführung.

Sucht man im Internet nach dem Begriff »Markenführung«, so erscheinen – nach den klassischen Definitionen – auch einzelne aktuelle Begriffe wie »Storytelling«, »Social-Media-Tipps«, »Content Marketing«, »Messenger Marketing« oder Ähnliches. Schnell gerät in Vergessenheit, dass es sich dabei um einzelne kommunikative Aspekte der Markenkommunikation handelt, nicht jedoch um die klassische Markenführung, also um das ganzheitliche Management einer Marke. Hierbei geht es um jeden einzelnen Kontakt, den ein potenzieller Kunde[3] zu Ihrem Unternehmen oder Ihrem Produkt hat. Also um jeden einzelnen Moment des Erlebens: egal ob am Telefon, im Web, persönlich oder im Raum. Ja, auch das räumliche Erleben einer Marke entscheidet darüber, ob aus dem zufälligen Interessenten ein echter Kunde wird. Deshalb lautet der Titel dieses Buchs auch *Marke³*, da hier auch die dritte Dimension (also der Raum) betrachtet wird.

Ein Beispiel: Im vergangenen Sommer ging ich zufällig an einem Laden vorbei, von dem ich schon gehört hatte und dessen Produkte ich interessant fand. Es handelte sich um ein Lingerie-Geschäft. Da ich gerade etwas Zeit hatte, ging ich in den Laden. Die Verkäufer beachteten mich nicht, sondern befanden sich vielmehr in einem intensiven (internen) Austausch. Der Laden war ziemlich dunkel (was eindeutig nicht zum Konzept gehörte) und hatte einen unangenehmen Geruch nach abgestandener Luft und Schweiß. Ich ging also einmal durch den Laden, betrachtete hier und da ein Produkt etwas genauer. Sie ahnen es schon: Die Verkäufer ignorierten mich weiter. Ich verließ den Laden und schnappte draußen erst einmal erleichtert nach frischer Luft. Gekauft habe ich natürlich nichts. Und plötzlich war auch die Marke für mich uninteressant. Bis heute habe ich nichts von dieser Marke gekauft. Jegliche Erwartungen an die Marke, die durch klassische Werbung und durch ausgefeilte

---

3 Die in diesem Buch gewählte männliche Form bezieht sich immer zugleich auf weibliche und männliche Personen. Auf eine Doppelbezeichnung habe ich zugunsten einer besseren Lesbarkeit verzichtet.

Social-Media-Kampagnen aufgebaut worden sind, sind durch ein paar Minuten Erleben zerstört worden.

Warum erzähle ich Ihnen dieses Beispiel? Vielen Marketingspezialisten ist zu wenig bewusst, dass jede Marke ein Erlebnis ist (egal ob positiv oder negativ), dass wirklich jeder Mitarbeiter ein Markenbotschafter ist, dass jeder direkte und auch indirekte Kontakt zu den potenziellen Kunden elementarer Bestandteil der Markenführung ist und dass jeder Kontakt (Point of Touch) eine Station auf der Customer Journey (also der sogenannten Kundenreise – damit sind alle Begegnungen mit der Marke gemeint) ist. Jeder einzelne Kontakt zur Marke bildet – in den Köpfen der Verbraucher – einen Mosaikstein. Und alle Mosaiksteine zusammen ergeben das Gesamtbild der Marke.

Und genau deshalb ist es so wichtig, sich bereits beim Aufbau einer Marke viele Gedanken zu machen, Einfühlungsvermögen zu entfalten, ein sicheres Gefühl für die Marke zu entwickeln und jeden Bereich des Unternehmens zu integrieren. Egal ob es sich beim Unternehmen um eine NGO, ein Einzelunternehmen oder ein Großunternehmen handelt.

Es gibt bereits unzählige Bücher zum Thema Marke und Marketing. Doch alle Bücher sind – aus meiner Erfahrung – entweder zu theoretisch oder sie behandeln nur einen einzigen Teilaspekt der Markenführung. Dieses Buch ist *Ein praktischer Leitfaden zum ganzheitlichen Markenaufbau*. *Marke*[3] bedeutet erstens die Analyse, zweitens das (kommunikative) Design und drittens die Marke im Raum. Egal ob Sie eine Marke neu aufbauen wollen oder Ihre bereits bestehende Marke neu positionieren oder »nur« optimieren wollen. Es geht immer um die Vorstellung, die Sie in den Köpfen Ihrer Zielgruppe entstehen lassen.

Also lassen wir die Vorstellung beginnen …

1 Willkommen Marke: das Markenprofil

1.1 Ohne Fleiß kein Preis: Am Anfang steht immer die Analyse

Das A und O beim Markenaufbau ist eine ausführliche Analyse. Eine Analyse des Marktes (**Marktanalyse**), der Mitbewerber (**Mitbewerberanalyse**) und Ihrer potenziellen Kunden (**Kundenanalyse**).

Vielleicht ist Ihnen bereits jetzt aufgefallen, dass ich nicht von »Wettbewerbern« schreibe. Warum? »Wettbewerb« bedeutet, dass alle Teilnehmer zwar das gleiche Ziel haben, am Ende jedoch einer als Sieger hervorgeht – zulasten der anderen. Ich bin jedoch der festen Überzeugung, dass man von jedem »Wettbewerber« etwas lernen kann (im positiven wie im negativen Sinn) und dass jeder Wettbewerber (sei er auch noch so »bedrohlich«) eine Bereicherung für den Markt sein kann. Waren Sie schon mal in Istanbul? Im Gegensatz zu Deutschland werden Sie in Istanbul immer eine Anhäufung gleicher Anbieter eines Produkts oder einer Dienstleistung in einer Straße finden. Der Hintergedanke bei dieser Strategie ist einfach: Der Kunde findet gleich mehrere Anbieter auf einem Platz und kann sich so schneller entscheiden. Als Anbieter haben Sie gleichzeitig Ihre Mitbewerber im Blick und können auf Angebotsänderungen direkt und schnell reagieren. Und: Durch den direkten Vergleich vor Ort haben Sie die Möglichkeit, durch bessere Präsentation, besseres Angebot, besseren Service, bessere Preise Kunden von Ihren Mitbewerbern abzuziehen. Ein interessanter Gedanke! Deshalb bevorzuge ich den Begriff »Mitbewerber«.

Beginnen wir also mit dem Anfang: mit der Analyse.

1.1.1 Erste Analysen mit Spaß

Sie haben eine Idee für ein Produkt oder eine Dienstleistung? Oder wollen wissen, wie Sie Ihr bestehendes Produkt verbessern können? Und Sie wollen erst einmal selbst ein wenig recherchieren? Nutzen Sie zuallererst einmal ganz entspannt das Internet und suchen Sie – ohne »Ergebnisdruck« und mit Lust – nach ähnlichen oder identischen Produkten und Dienstleistungen. Gibt es dieses Angebot bereits? Wenn ja, wie viele Ergebnisse bekommen Sie angezeigt? Und: Wie wird das Angebot beworben? Nehmen Sie sich Zeit und schauen Sie auch mal nach rechts und links. Sie können sich auch gern im Web »verlieren«. Wichtig ist nur, dass Sie alles, was Ihnen auffällt, gleich notieren oder als Screenshot abspeichern. Ihnen gefällt eine Werbung gut, die Sie gerade unterwegs gesehen haben? Machen Sie ein Foto davon. Gute Ideen sind immer hilfreich – auch wenn sie aus einer anderen Branche sind. Vieles kann man adaptieren oder später als Quelle der Inspiration nutzen.

Im Web werden Sie vielleicht sogar schon erste Studien finden, die Ihnen weiterhelfen. Studien zum Markt, zu den Mitbewerbern, zu den Kunden. Durchstöbern Sie auch die sozialen Medien. Machen Sie z. B. Keyword-Recherchen auf Pinterest oder Hashtag-Suchen auf Instagram.

Abb. 1: Titelseite Markendossier

Tipp !

Legen Sie für Ihre Marke ein eigenes Dossier an. In diesem Markendossier werden alle Ergebnisse und Ideen festgehalten: im Überblick, jederzeit griffbereit, »fortlaufend«. Egal ob Sie das online oder offline machen wollen. Wichtig ist nur, dass Sie es tun.

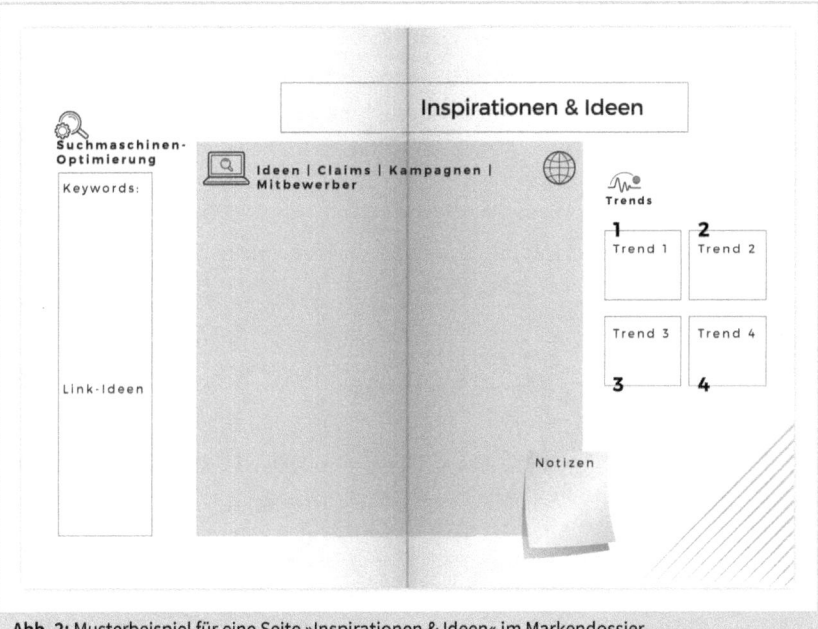

Abb. 2: Musterbeispiel für eine Seite »Inspirationen & Ideen« im Markendossier

1.1.2   Jetzt wird's ernst: die Marktanalyse

Bevor Sie mit der Marktanalyse beginnen, steht eine exakte Beschreibung Ihres Produkts oder Ihrer Dienstleistung an. Denn das ist es schließlich, worum es geht und womit Sie Ihren Umsatz generieren wollen.

Im Anschluss definieren Sie dann das Ziel und den Zweck Ihrer Marktanalyse, z. B. Produktneueinführung, Produktadaption, Mitbewerberanalyse, Markttrends, jährliches Monitoring. Oder auch: Absatzprognose für das Produkt, Entscheidung über weitere Produktentwicklung, Einstieg in einen neuen Markt oder das Erschließen einer neuen Zielgruppe.

Jährliches Monitoring? Ja, eine professionelle Marktanalyse ist keine einmalige Angelegenheit. Um auf dem aktuellen Stand zu bleiben und die Entwicklungen des Marktes im Blick zu behalten, wird die Marktanalyse mindestens einmal jährlich durchgeführt. Viele Unternehmen machen nach meiner Erfahrung den Fehler, dass sie Marktanalysen unregelmäßig, unstrukturiert oder in »Not-Situationen« (z. B. Umsatzrückgang) vornehmen.

Bei der klassischen Marktanalyse geht es um den Ist-Zustand des Marktes, also Zahlen, Daten und Fakten. Je größer Ihr Unternehmen ist, desto detaillierter sollte die Analyse des Marktes sein. Je volatiler Ihr Markt, desto häufiger sollten Sie ihn analysieren.

Im Grunde kann man eine Marktanalyse in vier Felder einteilen:
1. Das Gebiet (Land/Länder, Region, Stadt)
2. Das Potenzial des Marktes
3. Die Größe und das Volumen des Marktes
4. Das Wachstum und die Dynamik des Marktes

Zusätzlich greifen wir auf die Methoden der Marktforschung zurück. Auch diese kann man wiederum in zwei Bereiche einteilen:
1. Die **quantitative** Marktforschung, also reine Zahlen und Fakten
2. Die **qualitative** Marktforschung: Hier geht es um die sogenannten weichen Faktoren, also um die Trends auf dem Markt und die Einstellungen der Kunden und Mitbewerber.

> **!** **Beispiel**
>
> Vor einigen Jahren kam ein neuer Kunde und hatte folgende Produktidee: ein neuer Schokoladenriegel mit aphrodisierender Wirkung für Erwachsene (spezielle Zutaten sorgten für die angestrebte Wirkung) – unterschieden nach Mann und Frau.
> Die Aufgabe: die Marktchancen eruieren, die Preise kalkulieren und die (konkrete) Markteinführung in drei Ländern planen.
> Natürlich war der erste Schritt die Analyse der Märkte – in diesem Fall näherten wir uns dem Thema über verschiedene Märkte: FMCG (Fast Moving Consumer Goods), Süßwarenmarkt, Schokoladenmarkt und der Markt für Aphrodisiaka.
> Die besondere Herausforderung hier war, Zahlen für den Süßwarenkonsum von ausschließlich erwachsenen Personen zu bekommen. Wie viel Süßigkeiten konsumiert ein Erwachsener im Jahr? Welche Art Süßigkeiten konsumieren Erwachsene? Wie viel gibt ein Erwachsener für Süßigkeiten im Jahr aus?

Da es sich bei dem geplanten Schokoriegel um eine Süßigkeit mit »Zusatzfunktion« handelte, waren auch folgende Fragen relevant: Welche Aphrodisiaka (natürliche und künstliche) werden verwendet? In welchem Umfang? Wie viel sind Mann/Frau bereit, dafür zu investieren?
Bevor Sie sich nun auf die Suche nach diesem Schokoriegel machen: Er wurde nie produziert, da es in der reinen Produktion zu solchen Schwierigkeiten kam, dass das Projekt nicht umgesetzt wurde.

Die häufigsten Quellen für Marktdaten in Deutschland sind:
- Statistisches Bundesamt[4]
- Diverse Bundes- und Zentralverbände zu Ihrem Thema (im o. g. Beispiel war es der Bundesverband der Deutschen Süßwarenindustrie e. V.)
- Statista (Statistik Portal)[5]
- Gesellschaft für Konsumforschung, The Nielsen Company etc.[6]
- Regionale Industrie- und Handelskammern[7]
- Zeitschriften und Magazine der Branchen[8]
- Und natürlich alle Suchmaschinen wie Google, Yahoo, Bing, web.de etc.

Bei (bekannten) Produkten ist es – dank Internet – relativ einfach, an gutes Zahlenmaterial (auch für einen längeren Zeitraum) zu kommen. Etwas intensiver muss man suchen bei Dienstleistungen. Schwierig wird es natürlich für Produkte/Dienstleistungen, die es bisher noch gar nicht gibt.

Beispiel: 3D-Drucker   !

Obwohl der erste 3D-Drucker bereits 1988 käuflich zu erwerben war, kann man erst seit 2010 3D-Drucker für den Heimbedarf kaufen.[9] Somit gab es bei der Markteinführung noch keinerlei Zahlenmaterial oder Erfahrungen, auf welche die Entwickler zugreifen konnten.

Ist noch kein Markt vorhanden oder der Markt noch »ganz frisch«, dann kann man nur mit Prognosen kalkulieren, potenzielle Zielgruppen intensiv befragen (da kommt

---

4   https://www.destatis.de/DE/Service/_inhalt.html
5   https://statista.com
6   www.gfk.de und www.nielsen.com
7   www.ihk.de
8   z. B. www.vdz.de
9   https://de.m.wikipedia.org/wiki/3D-Druck

dann wieder die qualitative Marktforschung ins Spiel) oder (wenn möglich) Märkte betrachten, die dem Ihren aus bestimmten Gründen ähnlich sind.

Abhängig von der Zielsetzung Ihrer Marktanalyse, die sich jederzeit ändern kann, werden auch die **Inhaltsschwerpunkte einer Marktanalyse** variieren.

- Sie wollen ein neues Produkt einführen? Dann liegt der Fokus auf dem aktuellen **Marktpotenzial** (also auf der maximal verkäuflichen Absatzmenge des Angebots auf diesem Markt): Betrachten Sie den Markt. Wie groß ist der Markt aktuell? Wie ist die Nachfrage? Wie ist das Angebot? Wie ist das Preisgefüge? Wird er aktuell gehypt? In welchen Marktsegmenten gibt es welches Potenzial? Wodurch wird das Marktpotenzial beeinflusst (treibende Faktoren und Rahmenbedingungen)? Welchen Absatz können Sie mit Ihrem Produkt/Ihrer Dienstleistung im Jahr erzielen? Gibt es schwankende Absatzmärkte (z. B. saisonale Einflüsse)?
- Sie wollen wissen, wie sich der Markt in der Vergangenheit entwickelt hat? Weil Sie z. B. wissen wollen, ob Sie höhere Preise durchsetzen können? Dann liegt der Schwerpunkt sicher auf der bisherigen **Marktentwicklung** (also alle Veränderungen von Marktdaten, die bereits eingetreten sind): Wie hat sich der Markt in der Vergangenheit entwickelt? Und wie entwickelt er sich gerade? Wächst er? Stagniert er? Oder schrumpft er gerade?
- Sie wollen Ihr Angebot zukunftssicher gestalten und z. B. wissen, wie Sie es dafür ändern oder anpassen müssen? Dann brauchen Sie eine Prognose und Analyse der **Markttrends** (also alle Veränderungen von Marktdaten, die in der Zukunft erwartet und prognostiziert werden): Welche Entwicklung wird für Ihren Markt vorhergesagt? Wie hoch ist das Marktvolumen für Ihr Produkt in den nächsten drei/fünf Jahren? Welche Szenarien sind für Ihren Markt in den nächsten zehn Jahren denkbar? Welche gesellschaftlichen, technischen, wirtschaftlichen, politischen, wissenschaftlichen ... Mega-Trends werden prognostiziert? Studieren Sie diese Trends genau – auch wenn diese zunächst nichts mit Ihrem Produkt/Ihrer Dienstleistung zu tun haben. Wie können sich diese Trends auf Ihr Unternehmen oder auf die einzelnen Bereiche des Unternehmens auswirken?

Das Marktpotenzial, die historische Marktentwicklung und das Aufspüren neuer Trends sind elementare Bestandteile einer Marktanalyse. Je nach Zielsetzung bedarf es eines intensiveren Blicks mit anschließender Interpretation der Konsequenzen für Ihr Angebot.

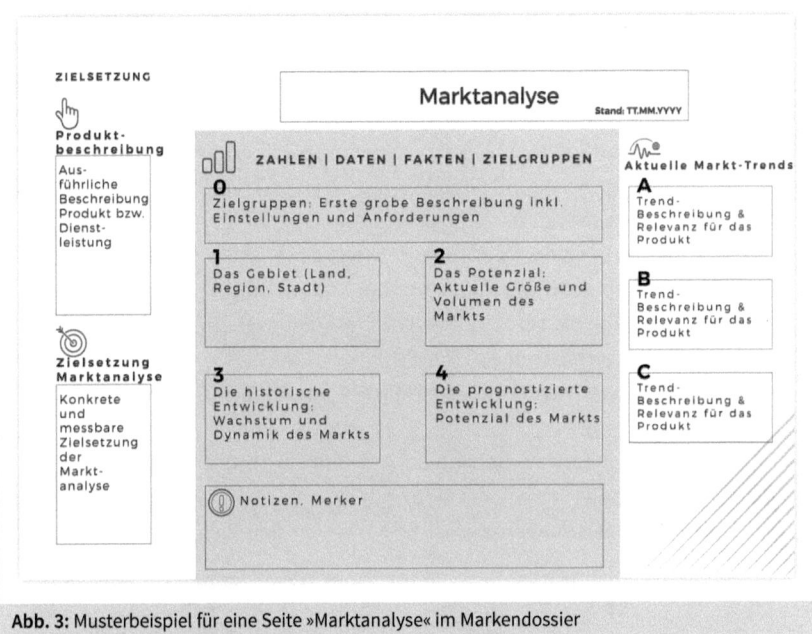

Abb. 3: Musterbeispiel für eine Seite »Marktanalyse« im Markendossier

Mögliche Fragestellungen einer Marktanalyse

- Wer kann die Zielgruppe sein? Also: Wer kann das Produkt oder die Dienstleistung nutzen?
- Wo kann man diese Zielgruppe antreffen?
- Welche Anforderungen hat die Zielgruppe an das Produkt?
- Welchen Preis würde die Zielgruppe dafür zahlen?
- Wie oft nutzt die Zielgruppe das Produkt?
- Wie hat sich der Markt entwickelt? Welches sind die Gründe dafür?
- Wie ist das Preisgefüge auf dem Markt? Worin bestehen Unterschiede und welches sind die Gründe dafür?
- Welche Rahmenbedingungen gilt es zu beachten? (Recht, Technik, Organisation, Lieferanten, Distribution, Sprache etc.)

1.1.3 Die Mitbewerberanalyse

Bei der Mitbewerberanalyse geht es darum, die Mitbewerber auf Ihrem Markt kennenzulernen und systematisch zu analysieren. Dieser Part ist ein wichtiger Bestandteilteil der Analyse, da Sie daraus Ihre strategischen Entscheidungen und Ihre Positionierung ableiten.

- Wie viele Mitbewerber gibt es und wer sind sie?
- Welche Mitbewerber sind die stärksten? Welche die schwächsten?
- Wer sind Ihre drei wichtigsten Mitbewerber und warum?
- Wie lange bestehen die Mitbewerber bereits auf dem Markt?
- Wie sind die Mitbewerber organisiert?
- Welches konkrete Angebot haben die Mitbewerber? Welche Zusatzangebote bieten sie den Kunden?
- Was lieben die Kunden am meisten am Angebot der Mitbewerber?
- Welche Produktpalette(n) bieten sie an?
- Wie sehen die Beziehungen der Mitbewerber zu den Lieferanten und Kunden aus?
- Wie ist das Pricing der Mitbewerber – im Vergleich zum eigenen?

Viele wertvolle Informationen kann man über Verbandsstatistiken, Branchenkennziffern, Verbraucher- und Handelspanels, aber auch über Expertenbefragungen gewinnen.

Wenn die Mitbewerber identifiziert sind, so betrachten Sie nun die **marktspezifischen Strategien** Ihrer Mitbewerber, legen also den Fokus auf qualitative Aspekte:
- Mit welchen Strategien agieren Ihre Mitbewerber auf dem Markt? Betrachten Sie hier alle Bereiche: Marketing, Vertrieb, Produktausgestaltung, Rabattstrategien, Sonderaktionen, Logistik etc.
- Wie werden die Produkte von Ihren Mitbewerbern angepriesen, verkauft, versendet (auch die Verpackung spielt eine wesentliche Rolle)?
- Wie viel Kommunikationsbudget investieren Ihre Mitbewerber?
- Wie gehen Ihre Mitbewerber mit Reklamationen um?
- Wie oft haben Ihre Mitbewerber Kontakt zu potenziellen Kunden, bevor diese wirkliche Kunden werden?
- Mit welchen Argumenten (emotional und rational) bewerben Ihre Mitbewerber ihr Angebot?
- Wie präsentieren sich Ihre Mitbewerber online und offline?

- Welche Kommunikationskanäle nutzen Ihre Mitbewerber?
- Was können die einzelnen Mitbewerber besonders gut? Was nicht?

Die Suche nach diesen Strategien erfordert ein wenig mehr Aufwand. Durchstöbern Sie die sozialen Medien wie XING, LinkedIn, YouTube, Instagram etc., googeln Sie nach Ihren Mitbewerbern und entdecken Sie, welche Ergebnisse, Kundenkommentare, Bewertungen etc. erscheinen.

Verschaffen Sie sich einen persönlichen Eindruck: Besuchen Sie Ihre Mitbewerber vor Ort (auch z. B. bei Messen) und machen Sie sich ein Bild von der Produktpräsentation, den Verkaufsstrategien, den Verkäuferaktionen. Bestellen Sie online Produkte. Rufen Sie an und stellen Sie Fragen, die Sie von Ihren Kunden auch erwarten. Reklamieren Sie.

Notieren Sie nun alle Eigenschaften und Merkmale, die Sie entdeckt haben, und erstellen Sie daraus ein Stärken-Schwächen-Profil. Schätzen Sie Ihre drei (max. fünf) wichtigsten Mitbewerber auf einer Skala zwischen 0 (gar nicht) und 8 (besonders gut) ein. Und zum guten Schluss bewerten Sie sich selbst in dieser Skala. Sie können nun deutlich die Unterschiede »sehen« und für die Positionierung Ihrer Idee, Ihres Produkts oder Ihrer Dienstleistung nutzen. Zum guten Schluss bewerten Sie sich selbst in dieser Skala (siehe Abb. 4).

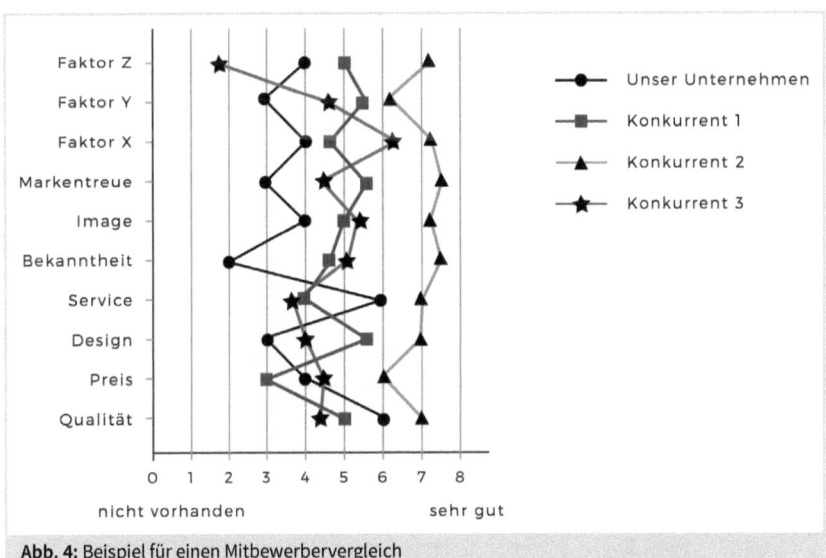

Abb. 4: Beispiel für einen Mitbewerbervergleich

Abb. 5: Musterbeispiel für eine Seite »Mitbewerberanalyse« im Markendossier

1.1.4 Die Kundenanalyse

Nun geht es ans Eingemachte: Lernen Sie Ihren Kunden-Mix kennen. Beginnen Sie mit dem **quantitativen** Fokus, d. h., Sie klären im ersten Schritt, mit wie viel (Anzahl) potenziellen Kunden Sie rechnen können. Dazu müssen Sie Ihre Kunden so genau wie möglich definieren: Geschlecht, Alter, Familienstand, Einkommen, Wohnort, Beruf, Ausbildung, Konsumverhalten, Einkaufsverhalten. Alles, was für Ihr Produkt oder Ihre Dienstleistung relevant ist und – wichtig! – werden könnte.

Im zweiten Schritt analysieren Sie diese Zielgruppe unter **qualitativen** Aspekten: Welche Zielgruppe ist profitabel für Sie (kurz- und langfristig)? Welche Bedürfnisse hat sie? Welche Anforderungen stellt sie an das Produkt (Präsentation, Verfügbarkeit, Lieferzeit, Retouren)? Mit welchen Erwartungen begegnet der potenzielle Kunde dem Produkt? Welche der definierten Bedürfnisse und Anforderungen erfüllen Sie aktuell mit Ihrem Produkt oder Ihrer Dienstleistung? Und welche (noch) nicht? Welche

Werbung kommt bei der Zielgruppe gut an? Welche nicht? Welche anderen Marken mag die Zielgruppe und warum? Welche Werte sind für Ihre Zielgruppe wichtig?

Nachdem Sie Ihre Kunden dann quasi durchleuchtet haben, sollten Sie – im dritten und letzten Schritt der Kundenanalyse – die finale Frage beantworten können: Welches Problem des Kunden können Sie mit Ihrem Produkt/Ihrer Dienstleistung lösen?

Los geht's! Eine erste quantitative Annäherung bekommen Sie, wenn Sie das Gebiet Ihres Marktes zahlenmäßig erfassen. Ein kurzes Beispiel: Ihr Vertriebsgebiet ist ganz Deutschland, Ihre Zielgruppe umfasst alle unverheirateten Frauen zwischen 45 und 65 Jahren. Per 31.12.2018 hat Deutschland 83,019 Mio. Einwohner, davon 42,052 Mio. Frauen. Davon wiederum gibt es 2,464 Mio. unverheiratete Frauen zwischen 45 und 65 Jahren.[10]

Für den zweiten Schritt (qualitative Aspekte) greifen Sie am einfachsten auf eines (oder mehrere) der unterschiedlichen Zielgruppenmodelle zurück. Mit den beiden bekanntesten Modellen können Sie sowohl quantitative Zahlen als auch qualitative Aspekte erfassen. Die beiden Modelle sind:

Sinus-Milieus: Ein etabliertes Instrument, das seit über 40 Jahren die Lebenswelten und den Wertewandel der Gesellschaft erforscht. Sinus-Milieus teilen die Gesellschaft in bestimmte Typen ein und beantworten Fragen wie »Woran orientieren sich die einzelnen Milieus?« und »Welches sind ihre Einstellungen und Lebensziele?«. Und liefern natürlich auch eine Größe dieser Zielgruppen. Die Milieus liegen in der Zwischenzeit für über 40 Länder vor.[11] (Siehe Abb. 6)

---

10 https://www.destatis.de/DE/Themen/Gesellschaft-Umwelt/Bevoelkerung/Bevoelkerungsstand/
Tabellen/liste-zensus-geschlecht-staatsangehoerigkeit.html
11 https://www.sinus-institut.de/sinus-loesungen

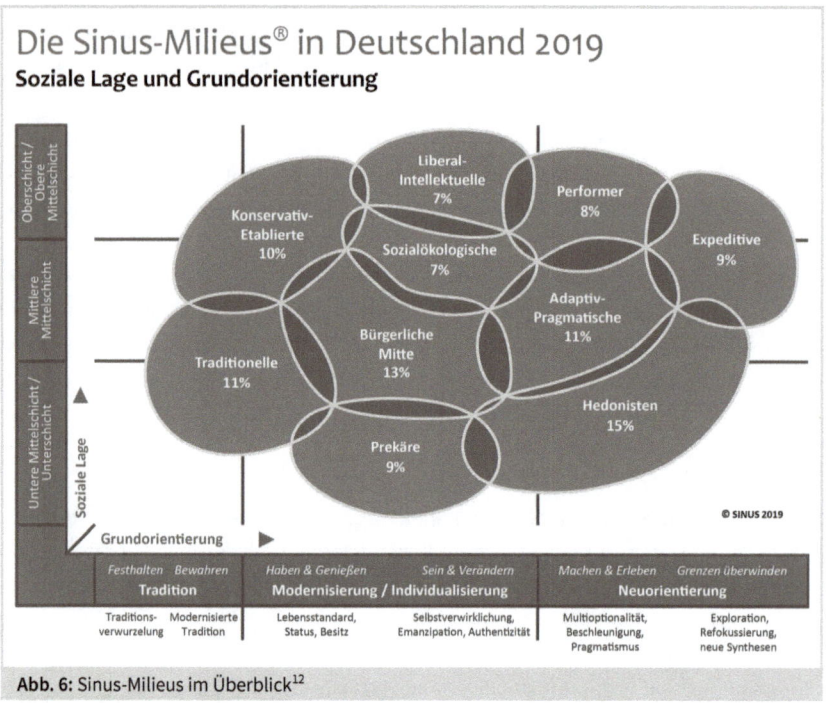

Abb. 6: Sinus-Milieus im Überblick[12]

Modell Limbic®: Dieses System stammt aus der Neuropsychologie. Es bildet einen Werte- und Emotionsraum für Zielgruppen ab. Anhand dieses Modells lässt sich der Schwerpunkt Ihrer Zielgruppen identifizieren und gleichzeitig kann die richtige Ansprache definiert werden, um die Zielgruppe von den Angeboten zu überzeugen. Der Vorteil an diesem System ist, dass Sie hier nicht nur Ihre Zielgruppe und die passende Ansprache finden und identifizieren können, sondern auch Ihr Unternehmen im Vergleich zu den Mitbewerbern positionieren können.[13] Also: Welche Werte und Emotionen sind in Ihrer Branche wichtig und wie möchten Sie nach außen wirken?

---

12   https://de.wikipedia.org/wiki/Sinus-Milieus
13   Dieses Modell ist ein lizenzpflichtiges Modell der Gruppe Nymphenburg (Kontakt: info@nymphenburg. de).

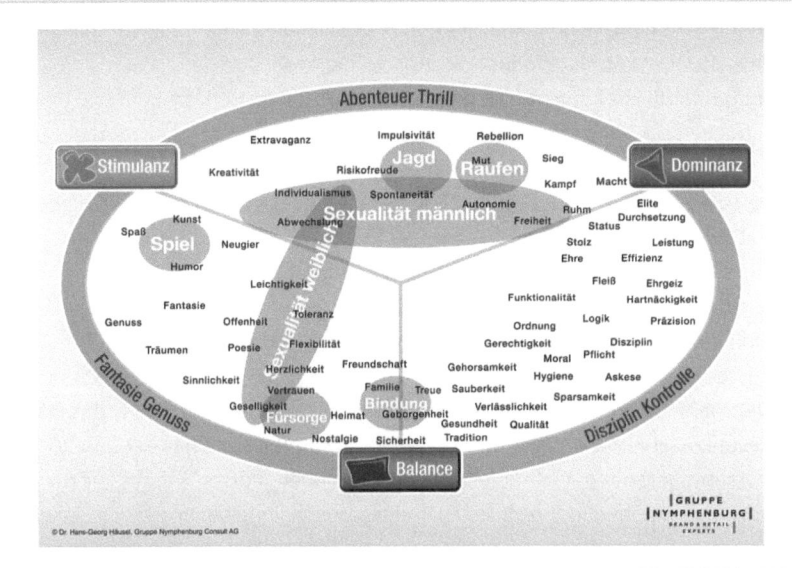

Abb. 7: Limbic Map im Überblick (© Dr. Hans-Georg Häusel / Gruppe Nymphenburg Consult AG)

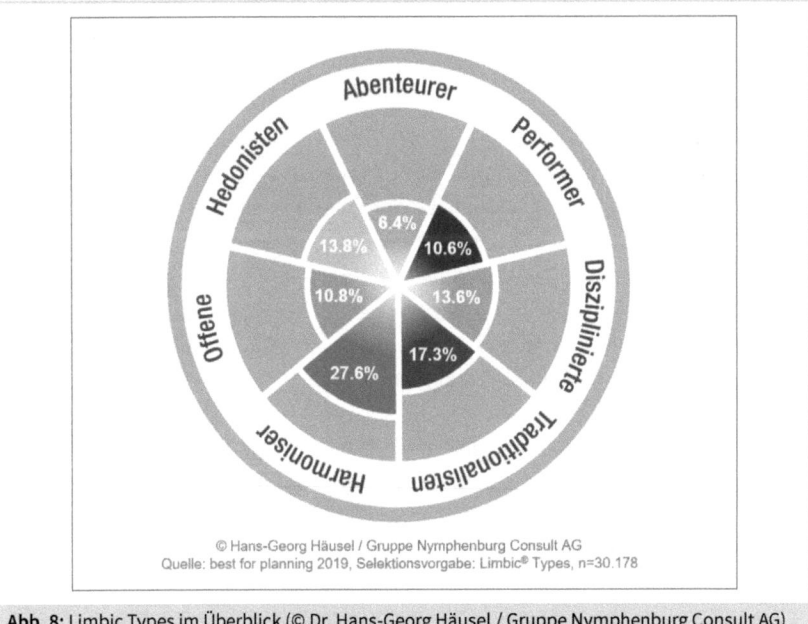

Abb. 8: Limbic Types im Überblick (© Dr. Hans-Georg Häusel / Gruppe Nymphenburg Consult AG)

Welches Instrument Sie auch immer nutzen: Das Ziel ist eine **Zielgruppensegmentierung**, die einen Anhaltspunkt in Bezug auf die Anzahl und gleichzeitig eine erste Definition der Einstellungen und Werte bringt. Es geht also darum, die Zielgruppe einzugrenzen und so genau wie möglich zu definieren. Folgende Kriterien können dabei u. a. herangezogen werden:

- Demografische Merkmale wie Geschlecht, Alter, Einkommen, Familienstand, Nationalität etc.
- Einstellungen und Überzeugungen zu bestimmten Themen, z. B. soziale Themen, persönliche Themen, Produktqualität etc.
- Individuelle Vorlieben zu Produkteigenschaften und Produktnutzen
- Kaufentscheidungsprozesse: Wie oft muss der potenzielle Käufer das Produkt wahrnehmen, bevor er sich dafür interessiert? Oder: Wie möchte er das Produkt bestellen (also der Prozess der Entscheidungsfindung und des Kaufs)?
- Nutzungsverhalten: Vielnutzer versus Gelegenheitsnutzer. Daraus ergeben sich auch Indikationen in Bezug auf Produkteigenschaften, Lebensdauer, Serviceangebote etc.
- Preissensibilität: Welchen Preis können und wollen potenzielle Kunden für das Produkt ausgeben?
- Mitbewerberprodukte: Welche Produkte bevorzugen die Mitglieder dieser Zielgruppe? Welchen Nutzen versprechen sie sich davon? Mit welchen Eigenschaften vermarkten die Mitbewerber das Produkt? Auch daraus lassen sich Einstellungen und Werte der Zielgruppe ableiten.

Damit haben Sie den ersten Schritt (Anzahl) und den zweiten Schritt (Erwartungen und Anforderungen) Ihrer Kundenanalyse erledigt. Für den dritten Schritt (Welches Problem hat Ihr potenzieller Kunde und wie können Sie es lösen?) eignet sich aus meiner Erfahrung am besten das Modell der **Personas**.

Der Begriff »Persona« kommt aus dem Lateinischen und bedeutet in etwa »Maske, Charakter, Rolle, Persönlichkeit«. In diesem Modell werden also konkrete Personen mit ihren spezifischen Merkmalen so detailliert wie möglich beschrieben. Sie werden mit einem Namen versehen und mit einem Beruf, einem Werdegang und einer Beschreibung ihrer Lebensumstände dargestellt. Das Ziel ist, sich in die Rolle dieser Personen zu versetzen und dadurch deren Verhaltensweisen, Erwartungen, Ziele und Vorgehen nachzuvollziehen.

So funktioniert's: Nehmen Sie eine typische Person aus Ihrer Zielgruppe und definieren Sie diese so exakt wie möglich. Fantasieren Sie ruhig ein wenig Lebenslauf dazu (insofern alles noch zu Ihrer Zielgruppe passt). Und dann spielen Sie das komplette »Erleben« Ihres Angebots aus Sicht dieser Person durch (siehe Abb. 9).

Abb. 9: Beispiele Personas[14]

Ein Beispiel dafür aus meiner Praxis:

Ein Reisebüro für Luxusreisen wollte einen Relaunch des aktuellen Internetauftritts. Dafür haben wir drei Personen (klassische Zielkunden) definiert:
- Eine 28-jährige Frau, die eine Luxusreise für ihre Flitterwochen planen möchte. Sie und ihr künftiger Mann arbeiten als Angestellte, sind im Job sehr engagiert und verdienen zusammen 4 500 Euro netto im Monat. Die Hochzeitsreise soll natürlich etwas ganz Besonderes sein. Da beide sehr sportlich sind, möchten sie auch im Urlaub viel Bewegung haben und Land und Leute kennenlernen. Das Budget liegt bei 6 000 Euro für zwei Wochen.
- Ein 54-jähriger Mann, der eine Luxusreise für sich und seine Partnerin sucht. Er ist (angestellter) Geschäftsführer und fährt einen teuren Sportwagen. Beruflich ist er weltweit unterwegs. Die beiden sind DINKS, haben also keine Kinder. Sein Ziel: Erholung, Ruhe, Luxusambiente und gutes Essen. Seine Partnerin möchte

---

14   Abbildung basiert auf Hintergrund Vektor von rawpixel.com

DINK = DOUBLE INCOME, NO KIDS

Massagen, Schönheitsanwendungen und – wenn möglich – auch Yoga-Stunden nehmen. Das Budget spielt erst mal keine Rolle. Der Urlaub ist für zwei Wochen geplant.

- Eine 35-jährige Frau. Ihr Partner arbeitet als leitender Angestellter. Sie haben zwei Kinder im Alter von vier und sechs Jahren. Ihr monatliches HHNE (Haushaltnettoeinkommen) liegt bei 6 500 Euro. Ihr Ziel ist ein Luxusurlaub inklusive Kinderbetreuung, Wellness-Anwendungen für sich und Fitnessbereich für ihren Mann. Sie möchten gemeinsam nicht nur in einem Luxusresort urlauben, sondern auch Land, Leute, Mentalität und länderspezifische Besonderheiten kennenlernen. Da die Kinder noch nicht in der Schule sind, planen sie drei Wochen Urlaub.

Sie können es jetzt schon erkennen: Jede dieser Personen hat ein anderes Bedürfnis, ein anderes Entscheidungsverhalten und erkundet den Webauftritt des Reisebüros – schon aus Alters- und Zeitgründen – vollkommen unterschiedlich. Trotzdem haben sie etwas gemeinsam: Sie möchten einen Luxusurlaub machen, kennen sich (meist) vor Ort nicht aus und wollen ein sicheres Gefühl, dass sie bei diesem Anbieter gut aufgehoben sind und ihre konkreten Wünsche erfüllt werden.

Die Lösung des Reiseanbieters (über die Website) ist: Zeitersparnis (durch eine Matrix-Navigation, in der sowohl Anlässe als auch Orte sowie Ziele wie Erholung, Land & Leute, Aktion aufgeführt sind) und Sicherheitsgewinn (Optik, Sprache, klare Nutzerführung bis zur sicheren Buchung).

Weitere Informationen und eine konkrete Anleitung finden Sie in Kapitel 1.4 »Noch mal: Ziele, Zielgruppen und Visionen«.

Die Methode der Personas ist ein wunderbares Instrument, um von reinen Daten und generellen Bedürfnissen zum echten Erleben zu kommen, d. h., Ihre Zielkunden »anfassbar« zu machen.

Sie haben bereits Kunden? Dann nutzen Sie diesen Vorsprung und befragen Sie regelmäßig Ihre Kunden. Der Rhythmus der Befragung ist branchenabhängig und liegt zwischen ein bis zwei Jahren.

Das Vorgehen: Sie kennen nun Ihre Stärken und Schwächen. Und Sie kennen die Stärken und Schwächen Ihrer Mitbewerber. Erstellen Sie eine strukturierte Kundenbefragung, indem Sie diese Stärken und Schwächen bewerten lassen. Fragen Sie auch nach dem Kauferlebnis: Was war besonders gut? Was lief weniger gut? Und lassen Sie Ihren Kunden auch Raum für eine oder zwei offene Fragen. Im Prinzip gibt es drei Arten der Kundenbefragung:

1. **Persönlich (telefonisch oder mündlich):** Wenn Sie in Ihrem Business regelmäßig Kontakt zu Ihren Kunden haben, dann befragen Sie sie persönlich – anhand des strukturierten Fragebogens. Ziel ist, die Kundenzufriedenheit zu stärken und damit Ihr Unternehmen auch langfristig erfolgreich zu halten.

2. **Online:** Es gibt eine Reihe von guten Online-Tools, mit denen Sie Ihre Kunden befragen können, z. B. Crowdsignal, LimeSurvey, easyfeedback oder SurveyMonkey.[15]

3. **Schriftlich (z. B. E-Mail):** eine Zwischenform zwischen persönlich und online. Sie schreiben Ihre Kunden (Kundendatenbank pflegen!) direkt an und bitten sie, den anhängenden Fragebogen auszufüllen und zurückzusenden.

Vorab gibt es ein paar Regeln zu beachten, damit Ihre Kundenbefragung auch effizient ist:

1. Definieren Sie Ihre Zielgruppe für die Befragung
   Sind es Bestandskunden oder auch potenzielle Kunden? Oder Kunden, die schon lange nichts mehr von Ihnen gehört haben? Wer ist der Entscheider für Ihr Produkt/Ihre Dienstleistung? Je nach Zielsetzung kann die Zielgruppe variieren.
2. Zielsetzung der Umfrage
   Was genau möchten Sie wissen? Kundenzufriedenheit (= Kundenerwartung + Erfüllung der Kundenbedürfnisse)? Vor, während oder nach der Kaufentscheidung? Bedarfsermittlung? Preiszufriedenheit? Servicezufriedenheit? Image? Websitenutzung? Weiterempfehlung? Die Zielsetzung ist entscheidend für die Fragestellung. Und je nach Zielsetzung kann auch die Zielgruppe variieren.
3. Auswertung
   Denken Sie vorab bereits an die Auswertung. Offene Fragen lassen sich schwerer auswerten als geschlossene Fragen oder Rangfragen. Allerdings gewinnen

---

15 https://crowdsignal.com, https://www.limesurvey.org/de/, https://easy-feedback.de/, https://www.surveymonkey.de/

Sie dabei tiefere Erkenntnisse. Geschlossene Fragen werden oft mit Skalen (von z. B. 0 = unzufrieden bis 10 = äußerst zufrieden) versehen. Denken Sie bei Skalen daran, eine gerade Zahl an Auswahlmöglichkeiten zu geben, denn bei einer ungeraden Anzahl von Ankreuzmöglichkeiten neigen Kunden gern dazu, die Mitte zu nehmen. Die Vergleichbarkeit über einen längeren Zeitraum gelingt besser mit geschlossenen Fragen und Rangfragen.

4. Kommunikation

Um eine erfolgreiche Kundenumfrage zu machen, ist die richtige Kommunikation entscheidend. Kommunizieren Sie vorab den Sinn und Zweck der Umfrage und die Rahmenbedingungen (Laufzeit, Anonymität ...). Wichtig ist auch, dass Sie im Anschluss die Ergebnisse kommunizieren (und im Idealfall auch schon Maßnahmen), damit Ihre Kunden merken, dass Sie es ernst meinen.

Ein paar Tipps, damit Ihre Umfrage gelingt:

- Integrieren Sie ein Gewinnspiel. Damit steigern Sie die Teilnahmebereitschaft und auch die Kundenbindung.
- Halten Sie die Umfrage so kurz und knapp wie möglich. Je länger die Umfrage, desto höher wird die Abbruchwahrscheinlichkeit.
- Bleiben Sie dran: Wenn der Kunde nach zwei bis drei Tagen noch nicht geantwortet hat, steigt die Wahrscheinlichkeit einer Nicht-Antwort. Haken Sie mit freundlichen Erinnerungsmails nach.
- Achten Sie auf den richtigen Zeitpunkt: Montag bis Mittwoch sind gute Tage, morgens ist besser als abends. Denken Sie auch an Feiertage und Ferienzeiten.
- Seien Sie unterhaltsam: Je »rationaler« Sie die Befragung gestalten, desto weniger Freude hat der Kunde daran. Binden Sie Farben, Bilder, Kurz-Videos ein.
- Direkte Ansprache: Damit der Kunde merkt, dass Sie es ernst meinen und Ihnen der Kunde wichtig ist, ist eine persönliche Ansprache (mit Namen) unumgänglich.
- Und setzen Sie – je nach Zielsetzung – offene oder geschlossene Fragen ein: Multiple Choice oder Ranking.

Alles, was Sie jetzt über Ihre (potenziellen) Kunden wissen, dokumentieren Sie wieder im Markendossier.

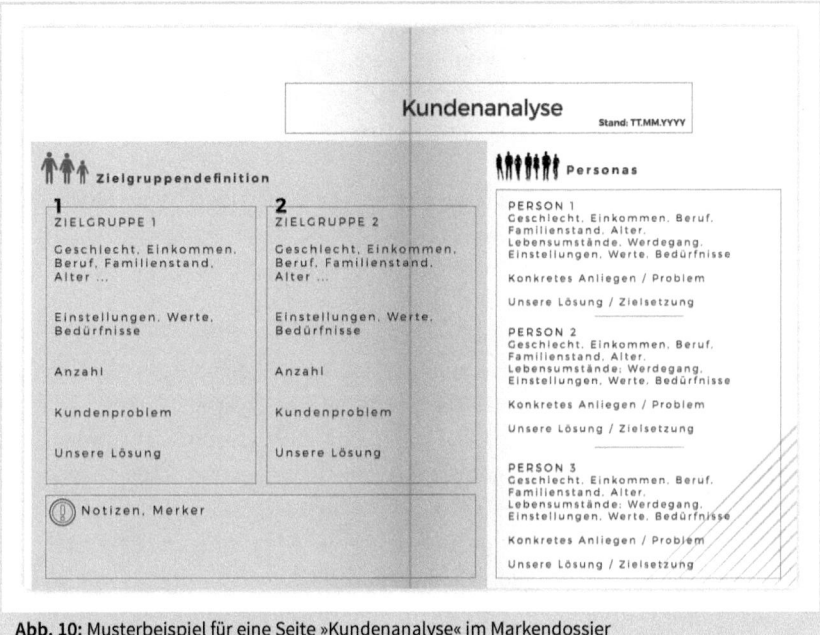

Abb. 10: Musterbeispiel für eine Seite »Kundenanalyse« im Markendossier

1.1.5   Rechts. Links. Vor und zurück

Gut, nun haben Sie einen aktuellen Einblick über den Markt, die Mitbewerber und die Kunden erhalten. Jetzt gilt es, auch mal nach rechts und links zu schauen. Gibt es artverwandte Produkte oder Dienstleistungen? Wie genau sind diese positioniert? Mit welchen Verkaufsargumenten werden sie angeboten? Dokumentieren Sie dies im Markendossier auf den Seiten »Ideen & Inspirationen«. Oder entwickeln Sie dafür eine eigene Seite, auf der Sie dies festhalten. Ziel ist, einen umfassenden Überblick zu gewinnen und zu behalten.

Doch bedenken Sie bitte: Alles, was Sie bisher zusammengetragen haben, ist lediglich eine Momentaufnahme. Um das Bild abzurunden, sind noch zwei weitere Blicke notwendig:

Der Blick zurück. Wie hat sich das Produkt oder die Dienstleistung in der Vergangenheit entwickelt? Wie war das Angebot vor zwei Jahren und vor fünf Jahren? Mit welchen

Argumenten wurden sie angeboten? Das ist wichtig, um zu verstehen, wie die Anwendung und die Nutzung in der Vergangenheit waren. Und um zu lernen, warum es heute anders ist. Doch halten Sie sich damit nicht zu lange auf. Notieren Sie nur Punkte, die wirklich auffällig sind, und Hintergründe, die zu einer Trendwende geführt haben.

Da Sie eine Marke mit Zukunft aufbauen wollen, ist als letzter Blick **der Blick in die Zukunft** erforderlich: Welche aktuellen Trends gibt es? Welche Prognosen werden für Ihre Branche erstellt? Welche allgemeinen Trends gibt es, die Sie kennen sollten oder sich sogar zunutze machen können?

Viele Trends können Ihr Unternehmen und Ihre Marke beeinflussen. Dies können Schlüsseltrends sein, z. B. gesetzliche Trends, Technologietrends, sozioökonomische Trends oder gesellschaftliche und kulturelle Trends. Oder Branchentrends, wie Wettbewerber, Neueinsteiger (Rebellen), Ersatzprodukte und -Dienstleistungen, Stakeholder, alle Teilnehmer Ihrer Wertschöpfungskette. Oder auch Markttrends, wie Wünsche und Anforderungen der potenziellen Kunden, Umsatzattraktivität oder neue Marktsegmente. Aber natürlich auch makroökonomische Trends, wie globale Marktbedingungen, Kapitalmärkte, wirtschaftliche Infrastruktur, Wirtschaftsgüter und andere Ressourcen. Betrachten Sie alle Trends und überlegen Sie, welche Auswirkungen diese auf Ihr Unternehmen und Ihr Angebot haben.

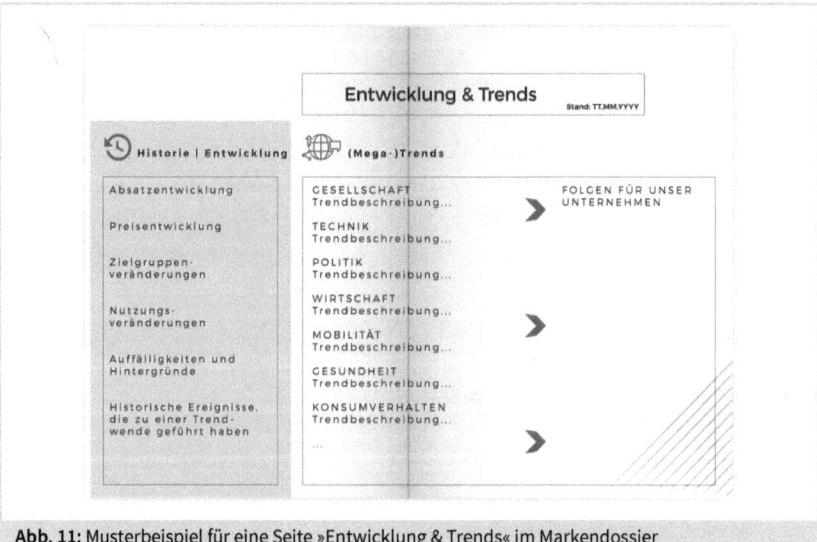

Abb. 11: Musterbeispiel für eine Seite »Entwicklung & Trends« im Markendossier

---

Tipp   !

Viele Marktstudien, Markt- und Trendforschungen können Sie online downloaden. Natürlich können Sie auch professionelle Beratungsagenturen für Markt- und Wettbewerbsanalysen engagieren. Oder Sie fragen bei den zuständigen IHKs oder Handwerkskammern nach aktuellen Marktstudien und Marktforschungsdaten. Ist Ihr Unternehmen regional ausgerichtet, so hilft auch ein Blick in das Stadtportal, in regionale Portale oder in das gute alte Branchentelefonbuch, um mehr über die Mitbewerber vor Ort zu erfahren.

1.1.6   Regelmäßiges Marktmonitoring

Marktanalysen sind keine einmalige Aktion. Wenn Sie dauerhaft auf dem Markt bestehen wollen, empfiehlt sich eine jährliche Markt-, Mitbewerber- und Kundenanalyse. Die erste Analyse ist immer sehr aufwendig und zeitintensiv. Mithilfe des Markendossiers wird das jährliche Update zur Routine, denn Sie kennen bereits die wichtigsten Mitbewerber und die besten Recherchequellen. Denken Sie bitte auch daran, Ihr eigenes Unternehmen in die jährliche »Wiederholung« einzubeziehen. Hierzu empfiehlt sich z. B. die SWOT-Analyse.

Die SWOT-Analyse ist ein gutes Modell, um die aktuelle Lage Ihres Unternehmens zu analysieren und durch Betrachtung von Stärken, Schwächen, Chancen und Risiken passende Strategien zu wählen, die zum Erfolg beitragen. SWOT steht für Strenghts (Stärken), Weaknesses (Schwächen), Opportunities (Chancen) und Threats (Risiken). Bildet man diese in einer Matrix ab, so ergeben sich vier Quadranten, welche die Kombination der jeweiligen Punkte abbilden.

Durch die interne Analyse kennen Sie bereits Ihre Stärken und Schwächen. Und die externe Analyse (Marktanalyse) hat Ihnen die Chancen und Risiken gezeigt. Jetzt werden beide Aspekte zusammengeführt und mögliche Strategien abgeleitet. Deshalb ist dieses Modell auch so gut für den jährlichen Review geeignet.

SWOT		Ergebnisse aus interner Analyse oder Kundenbefragungen	
		STÄRKEN (Strengths)	SCHWÄCHEN (Weaknesses)
Ergebnisse aus externer Analyse	CHANCEN (Opportunities)	Welche Stärken haben wir und welche neuen Chancen ergeben sich daraus?	Welche Schwächen haben wir, die wir eliminieren müssen, um neue Chancen zu nutzen?
	RISIKEN (Threats)	Welche Stärken haben wir und wie können wir damit die definierten Risiken minimieren?	Was müssen wir tun, damit unsere Schwächen nicht zu Risiken werden?

Abb. 12: Musterbeispiel für eine SWOT-Analyse

Fazit: Geschafft! Ihre Analyse ist fertig und vollständig. Sie kennen den aktuellen Markt, Ihre Mitbewerber und deren Strategien und haben auch schon die Kundenanalyse erstellt.

Ein letzter Tipp an dieser Stelle: Sicher sind Ihnen während Ihrer Recherche einige Punkte aufgefallen, die nicht direkt mit Ihrem Markt, Ihrer Zielgruppe oder Ihrem Produkt zu tun haben, die Ihnen aber trotzdem – aus welchem Grund auch immer – aufgefallen sind. Das können bestimmte Verkaufsargumente sein, besonders gute oder schlechte Werbungen, Serviceangebote aus anderen Branchen etc. Notieren Sie auch diese Punkte in Ihrem Markendossier, damit Sie sie eventuell zu einem anderen Zeitpunkt für sich adaptieren können – oder einfach im Auge/Sinn behalten.

Der nächste Schritt ist nun Ihre Marke!

1.2 Der Kern der Marke: So wird sie einzigartig

In meiner Arbeit mit Unternehmen erhalten die Unternehmen am Ende der Positionierungsfindung immer genau ein DIN-A4-Papier. Auf diesem Papier finden sich (im Überblick) alle Ergebnisse unserer Markenerarbeitung wieder. Jeder Mitarbeiter sollte dieses Papier kennen und auswendig können. Denn Mitarbeiter sind die wichtigsten Markenbotschafter (aber dazu später mehr). Auf diesem Markenblatt steht (im Überblick) wirklich alles, was die Marke ausmacht und woran sich das tägliche Arbeiten orientieren sollte.

Das Kernstück des Markenpapiers ist eine vierstufige Pyramide. Am Anfang steht das Fundament (Kernkompetenzen) und an der Spitze befindet sich das Alleinstellungsmerkmal. Auch diese Ergebnisse finden sich später wieder im Markendossier – mit einer entsprechenden ausführlichen Erläuterung der einzelnen »Stufen« (siehe Abb. 13).

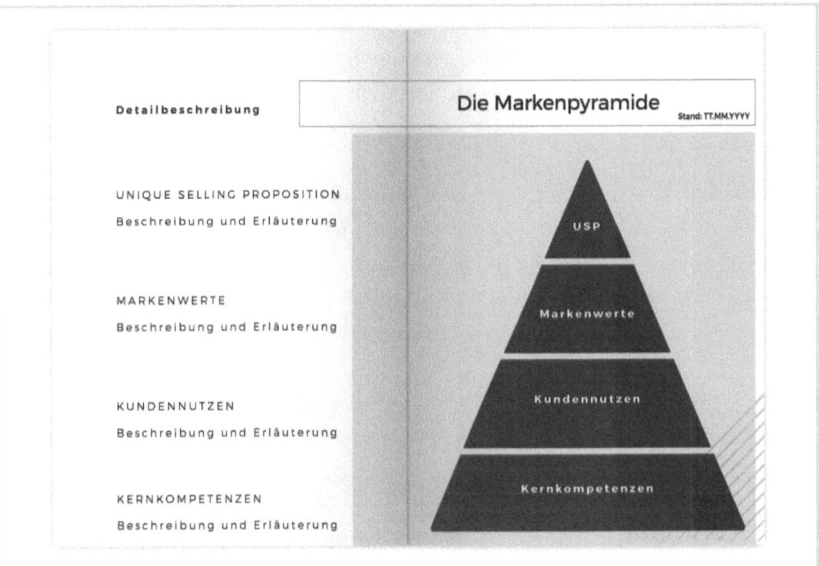

Abb. 13: Musterbeispiel für eine Seite »Markenpyramide« im Markendossier (links die ausführliche Beschreibung, rechts die Pyramide im Überblick)

Schritt für Schritt erkläre ich Ihnen nun die Herangehensweise und den Aufbau.

1.2.1 Stufe 1: Das Fundament – Ihre Kernkompetenzen

Jetzt geht es darum, herauszufinden, was Ihr Unternehmen besonders gut kann. Es geht also um Können und Fähigkeiten. Doch nicht jede Fähigkeit ist auch eine Kernkompetenz. Das Elementare an einer Kernkompetenz ist die Relevanz für die Wertschöpfung des Unternehmens, die Nutzenstiftung für den Kunden und dass Sie sich mit dieser besonderen Fähigkeit von den Mitbewerbern differenzieren können. Oder anders herum: Das, was alle können, ist keine Kernkompetenz. Somit sind Kernkompetenzen der Kern (oder das Fundament) Ihres Erfolgs.

Ein Beispiel: »Gutes Brot backen« ist keine Kernkompetenz eines Bäckers. »Gutes Brot aus saisonalen Produkten regionaler Anbieter backen« könnte eine Kernkompetenz sein. »Kundenfreundlichkeit« ist ebenfalls keine Kernkompetenz. »Wunscherfüller« jedoch kann eine Kernkompetenz von einem exklusiven Reiseanbieter sein. Doch achten Sie bitte darauf: Wenn Sie eine Kernkompetenz für sich definiert haben, dann sollte diese auch in der kompletten Customer Journey (»Kundenreise«, siehe auch Kapitel 6) spürbar sein – nicht nur beim Erstkontakt am Telefon, sondern bei jedem einzelnen Kontakt, den der Kunde mit Ihnen hat, im Fall des Reisebüros z. B. auch bei der Nachbereitung des Urlaubs.

Die klassische Definition von Kernkompetenz lautet: »Kernkompetenzen sind die Fähigkeiten, Techniken, Prozesse, Qualifikationen und Technologien eines Unternehmens, die es besonders gut beherrscht und durch die es sich – aus Sicht der Kunden durch den geschaffenen Wert oder Zusatznutzen – von Wettbewerbern unterscheidet und die auch nicht leicht durch Wettbewerber imitiert werden können.«[16]

Einfacher gesagt: Kompetenz ist die Summe aus Wissen (ich weiß, wie es geht), Können (ich beherrsche den Prozess) und Wollen (Bereitschaft). Kompetenzen können demnach Fähigkeiten oder auch besondere Technologien sein. Vorsicht vor der »Haben«-Falle: Bei einer Kompetenz geht es immer um Können, nicht um Haben. Beispiel: Ein breites Filialnetz zu haben ist keine Kernkompetenz einer Bank. Werden z. B. 50 Prozent der Filialen geschlossen, so hat die Bank immer noch ihre Kernkompetenzen.

Der klassischen Definition folgend, empfehle ich Ihnen, jede Kompetenz, die zu einer Kernkompetenz werden könnte, durch die folgenden drei »Siebe« laufen zu lassen:
1. Ist diese Kompetenz wirklich außergewöhnlich gut?
2. Schaffen wir mit dieser Kompetenz einen echten Mehrwert für den Kunden?

---

16   https://welt-der-bwl.de/Kernkompetenz

3. Unterscheiden wir uns mit dieser Kompetenz wirklich (auf Dauer) von den Mitbewerbern?

Wie findet man nun seine Kernkompetenzen? Eine bewährte Methode ist das »Kompetenz-Strategie-Portfolio« (in Anlehnung an Michael Thiele).

Dieses Portfolio besteht aus zwei Achsen (siehe Abb. 14):

Die X-Achse beschreibt die Kompetenz im Vergleich zum Mitbewerb: Wie groß ist die beschriebene Kompetenz im Vergleich zu Ihren Mitbewerbern?

Die Y-Achse beschreibt den Wert für den Kunden: Wie wichtig ist dem Kunden diese Kompetenz?

Sie können es schon ahnen: Je höher der Wert für den Kunden und je höher Ihre Kompetenz im Vergleich zum Mitbewerber ist, desto klarer ist Ihre Kernkompetenz.

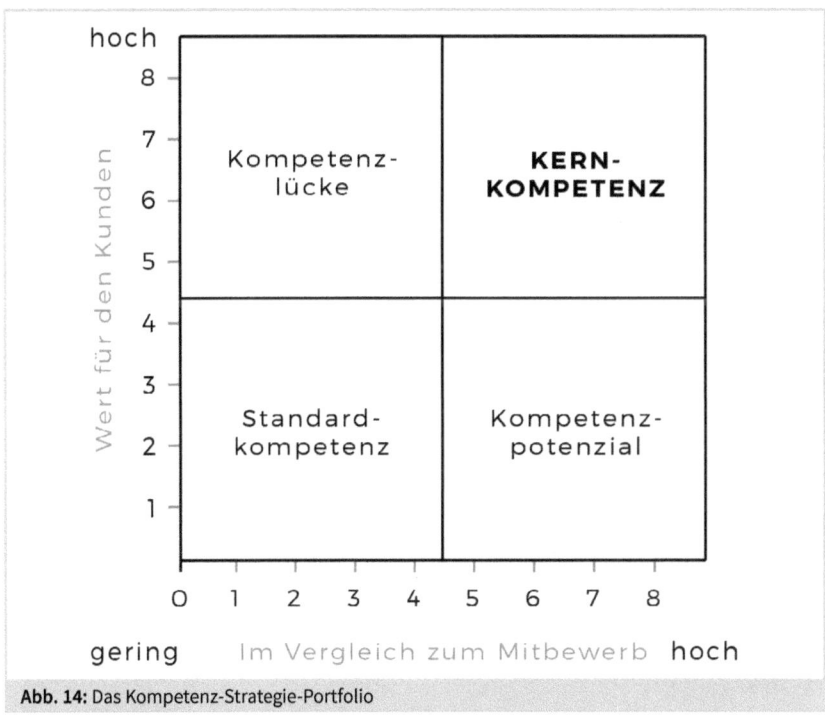

Abb. 14: Das Kompetenz-Strategie-Portfolio

Aus den Achsen und den zusätzlichen beiden Mittelachsen ergeben sich vier Felder:
- Die Standardkompetenzen: Diese Fähigkeiten werden vom Kunden quasi als notwendiger (und damit selbstverständlicher) Standard vorausgesetzt. Für den Kunden haben diese Fähigkeiten also keine besondere Bedeutung.
- Die Kompetenzlücken: Diese Fähigkeiten sind für den Kunden wichtig. Doch offensichtlich sind sie in Ihrem Unternehmen eher wenig ausgeprägt.
- Die Kompetenzpotenziale: Sie haben eine außergewöhnliche Fähigkeit in Ihrem Unternehmen. Allerdings misst der Kunde dieser Fähigkeit (noch) keine besondere Bedeutung zu. Behalten Sie die Fähigkeit im Auge – sie könnte die Kernkompetenz von morgen werden.
- Die Kernkompetenzen: Der Kunde hält diese Fähigkeit für sehr wichtig und Sie haben diese Fähigkeit im außergewöhnlichen Maße. Gratuliere, hier findet sich Ihre Kernkompetenz!

Gehen Sie nun alle Bereiche Ihres Unternehmens durch: Produktion, Auftragsabwicklung, Logistik, Human Resources, Kundenansprache, Marketing, Pre-Sales-Aktivitäten etc. und ordnen Sie alle Kompetenzen, die Sie definieren, den Feldern zu.[17]

Machen Sie sich keine Gedanken, wenn Sie sogar zu viele Kompetenzen definiert haben. Sortieren Sie diese einfach in die passenden Felder ein. Und dann betrachten Sie vor allem das Feld der Kernkompetenzen. Haben Sie mehr als drei Kernkompetenzen eruiert? Dann priorisieren Sie diese und konzentrieren sich auf maximal drei Kernkompetenzen. Sie tun sich schwer mit der Priorisierung? Dann lassen Sie Ihre Kernkompetenzen nochmals durch die drei Siebe laufen. Und denken Sie daran: Am Ende muss dort etwas stehen, das den Kunden begeistert. Und etwas, wofür Ihr Unternehmen steht. Es kann auch gut möglich sein, dass Sie nur eine Kernkompetenz finden. Glückwunsch: Unternehmen mit nur einer Kernkompetenz sind die stabilsten Unternehmen.

Im nächsten Schritt formulieren Sie nun Ihre Kernkompetenz(en) so genau wie möglich aus – jeweils jedoch in nur einem Satz (oder in Stichworten). Achten Sie darauf, dass Ihr Unternehmen (oder Ihr Angebot) das, was Sie definiert haben, wirklich besonders gut kann, besser als die Mitbewerber ist und diese die Kompetenz auch

---

17   https://www.conaquila.de/2018/01/14/auf-kernkompetenzen-konzentrieren/

nicht einfach kopieren können. Und dass die Kunden einen echten Nutzen davon haben.

Nun haben Sie bereits das **Fundament Ihrer Markenpyramide** geschaffen. Also das, was Sie außergewöhnlich gut können, Sie vom Wettbewerb unterscheidet und hohe Relevanz für Ihre Kunden hat.

1.2.2 Der Kundennutzen

Eigentlich sollte Ihnen dieser Schritt nun schon leichtfallen. Sie haben bereits in den Kernkompetenzen definiert, welche Fähigkeiten (oder Technologien) die höchste Relevanz für Ihre Kunden haben.

Versetzen Sie sich nun in Ihre Kunden. Welchen konkreten Vorteil oder Nutzen hat Ihr Kunde, wenn er bei Ihnen einkauft – statt bei der Konkurrenz? Welchen persönlichen Nutzen hat der Kunde davon? Das ist eine schwierige Aufgabe, da wir gern dazu neigen, Vorteile aus unserer eigenen Warte zu definieren.

Am einfachsten finden Sie den Kundennutzen, wenn Sie (in Gedanken) den Kunden direkt ansprechen: »Das bedeutet für Sie, dass Sie ... gewinnen.« Die meisten Kundenvorteile bewegen sich in den Bereichen:
- Qualität
- Preis
- Service
- Verfügbarkeit/Zeit
- Image (eigene Aufwertung)

Einige Beispiele für Kundennutzen:
- Lieferung frei Haus innerhalb von 12 Stunden
- Unabhängiges Bewertungsportal
- Hohe Qualität und damit verbunden längere Lebensdauer
- Besonders gute Benutzerführung und damit Zeitersparnis
- Besonders unkomplizierter, freundlicher Service
- Besonderes Design (Farben, Form, Material)

Im Idealfall können Sie hier bereits einen einmaligen und besonderen Kundennutzen definieren, der Ihnen bereits als Alleinstellungsmerkmal dient. Das ist allerdings die Ausnahme.

Bitte denken Sie daran: Der Kundenvorteil muss immer aus der Sicht des Kunden formuliert und bewertet werden. Das bedeutet auch, dass dieser für den Kunden relevant, glaubwürdig und differenzierend (vom Mitbewerber) sein muss.

Sie tun sich schwer mit der Formulierung des Kundennutzens? Dann versuchen Sie es mit der folgenden Methode: Beantworten Sie die Fragen: Wer sind Ihre profitablen Kunden und warum kommen diese immer wieder zu Ihnen? Inwiefern übertreffen Sie sogar die Erwartungen Ihrer Kunden? Welche Extrameile sind Sie bereit, dafür zu gehen? Oder auch: Welche anderen Marken lieben Ihre Kunden und was können Sie daraus lernen? Was könnte interessierte Kunden davon abhalten, Ihr Angebot wahrzunehmen, und was überzeugt sie davon, es doch zu tun?

Bringen Sie Ihre Kundenvorteile nun in eine Prioritätenliste. Die ersten drei Kundennutzen sind die wichtigsten. Jeder Ihrer Mitarbeiter sollte diese quasi »im Schlaf« aufzählen und glaubwürdig vertreten können. Im übertragenen Sinne ist der Kundennutzen die Bodenplatte Ihrer Markenpyramide, also die Verbindung zwischen dem Fundament (Kernkompetenzen) und dem Gebäude.

1.2.3 Die Markenwerte

Die Definition der Markenwerte ist die Königsdisziplin bei der Markenpositionierung – und die Aufgabe, die (wenn sie ernst genommen wird) am längsten und emotionalsten diskutiert wird.

Was sind Markenwerte und wie findet man sie? Jeder, der sich anfänglich mit diesem Thema beschäftigt, kommt schnell auf die folgenden Werte: Innovation, Kundenorientierung, Seriosität, Kompetenz, Vertrauen. Gratulation! Ich schätze, mindestens 80 Prozent aller Unternehmen haben diese Markenwerte. Damit befinden Sie sich also in sehr guter Gesellschaft und stehen nicht allein da. Natürlich sind das auch relevante Werte und manchen Unternehmen sind diese Werte so wichtig (meist dann, wenn sie Mitarbeiter haben, die sich nicht daran halten), dass ich diese Werte auch in die Pyramide als »Basis-Markenwerte« aufnehme. Genau betrachtet sind es jedoch Grundprinzipien jedes unternehmerischen Handelns und damit eine Selbstverständlichkeit.

Allein der Prozess der Definition und Findung von Markenwerten sagt schon viel über die Unternehmen und die Unternehmenskultur aus. Gern wird diese essenzielle Aufgabe an externe Berater oder Markenagenturen ausgelagert. Diese überlegen ein paar Werte, die dann in einem kurzen Meeting von der Geschäftsführung abgenickt werden. Dann verschwindet das Papier mit den Werten in den Schubladen und alle Beteiligten sind froh und dankbar, dass diese Aufgabe erledigt ist. Und fertig. Das jedoch ist der falsche Weg. Markenwerte sind von immenser Bedeutung und sollten jede einzelne Handlung des Unternehmens und der Mitarbeiter bestimmen. Markenwerte sollten in allen Abteilungen des Unternehmens für den spezifischen Bereich interpretiert werden und in den Alltag einfließen. Nicht zuletzt die Frage nach einem Kunden-Weihnachtsgeschenk wird von den Markenwerten beeinflusst.

> **Tipp** !
>
> Bitte denken Sie daran: Es geht hier nicht darum, ein Wunschbild aufzubauen à la »So möchten wir gerne gesehen werden«. Wenn Sie Markenwerte nach außen kommunizieren, die Sie nicht erfüllen können, werden Sie wenig Erfolg erzielen.

Daher sollten Markenwerte aus meiner Erfahrung ebenfalls durch verschiedene Siebe laufen – genau genommen durch vier Siebe. Erst, wenn sie allen vier Kriterien entsprechen, werden sie in die Markenpyramide aufgenommen.

Die vier Siebe der Markenwerte:
- Ist der Markenwert inspirierend?
- Ist der Markenwert für den Kunden relevant?
- Ist der Markenwert authentisch, d. h., passt er wirklich zu Ihrem Unternehmen?
- Ist der Markenwert differenzierend von der Konkurrenz?

1. Inspiration: Ein Markenwert ist dann inspirierend, wenn er zugleich Ansporn und Motivation ist. Ein Markenwert darf nicht abstrakt und interpretationsbedürftig sein. Vielmehr muss ein Markenwert bedeutungsvoll, vollkommen klar und eindeutig sein. Im Idealfall lässt er auch gleich eine Geschichte im Kopf eines jeden Mitarbeiters (und Kunden) ablaufen.

2. Relevanz: Der schönste Markenwert nutzt Ihnen nichts, wenn er für den Kunden nicht relevant ist. Das bedeutet: Ein Markenwert ist dann ein echter Markenwert, wenn er auch die Kaufentscheidung des Kunden beeinflusst.

3. Authentisch: Sie können einen Markenwert nur dann glaubwürdig vertreten und leben, wenn dieser auch im Unternehmen selbst oder in Ihren Leistungen begründet ist. Aufgesetzte und künstliche Markenwerte sind nicht glaubwürdig. Das spüren Mitarbeiter und Kunden. Und damit verlieren Sie die Akzeptanz beim Kunden und bei Ihren Mitarbeitern.

4. Differenzierend: Markenwerte sind keine »Me too«-Werte. Zumindest nicht, wenn sie glaubwürdig und überzeugend sein sollen. Was macht Sie im Vergleich zum Wettbewerb besonders? Was machen oder können Sie anders oder besser? Und: Woran können Sie das messen?

Ein Beispiel aus meiner Arbeit:

Für einen meiner Kunden haben wir fünf inspirierende, relevante, authentische und differenzierende Markenwerte erarbeitet und diese in eine Priorisierung gebracht. Als oberster Markenwert wurde der Wert »Exzellenz« definiert. Dieser Wert ist nun auch ein täglicher Ansporn für alle Führungskräfte und Mitarbeiter. Bei jeder Handlung fragen sie sich: Ist das wirklich exzellent? Kann ich den Kunden damit positiv überraschen? Setze ich mich damit von der Konkurrenz ab? Oder kann der Kunde diese Handlung bei jedem anderen Wettbewerber auch erwarten?

An die Arbeit. Wie findet man nun die passenden Werte?

Nach meiner Erfahrung gibt es viele Methoden, wovon ich jedoch in meiner Praxis die folgenden drei Methoden anwende – abhängig von dem Unternehmen, der Zielsetzung und der verfügbaren Zeit.

Methode 1: Sammeln und brainstormen
Im Idealfall sind beim Prozess der Markenwerte-Definition Mitarbeiter aus allen Bereichen des Unternehmens anwesend. Warum? Weil am Ende alle Bereiche die Werte kennen und leben müssen. Weil jeder Bereich eben nur einen Teilaspekt des Unternehmens verkörpert und damit naturgemäß eigene Interessen vertritt. Und weil jeder Bereich/Mitarbeiter eine spezifische Sichtweise auf das Unternehmen, die

Marke und die Produkte hat. Beginnen Sie mit Fragen wie: Wie glauben Sie, werden wir von der Außenwelt als Unternehmen wahrgenommen? Welche Eigenschaften verbinden Sie mit unserem Unternehmen? Was erzählen Sie Ihren Freunden und Bekannten über unser Unternehmen? Welche Eigenschaften werden unseren Mitbewerbern zugeordnet? Was schätzen unsere Kunden am meisten an uns? Warum bevorzugen Kunden unsere Produkte gegenüber denen der Mitbewerber?

Oder stellen Sie sich folgende Situation vor: Sie sitzen in einem Restaurant. Am Nebentisch unterhalten sich zwei Personen zufällig über Ihr Unternehmen oder Ihr Angebot. Was möchten Sie gerne von den beiden Personen über Ihr Unternehmen (oder Ihr Angebot) hören?

Jede Information zählt und jede Antwort wird aufgenommen: auf Flipcharts, auf Karten, auf Metaplan-Wänden oder mithilfe von Online-Tools. Im ersten Schritt geht es hier also um die Sammlung von Informationen und Eigenschaften – in Stichworten oder auch kompletten Sätzen.

Highlighten Sie im Anschluss alle Aussagen, denen alle einstimmig zustimmen und die gleichzeitig glaubwürdig sind. Verdichten Sie die Liste mehr und mehr und wandeln Sie – wenn nötig – Aussagen/komplette Sätze in Eigenschaften um. Streichen Sie so lange Begriffe (und verwenden Sie dabei auch die vier Siebe!), bis nur noch maximal fünf Eigenschaften übrig bleiben. Diese werden dann jeweils mit zwei bis drei Sätzen so definiert, dass sie wirklich eindeutig und unmissverständlich sind, damit jeder Mitarbeiter, Kunde und Geschäftspartner ab sofort das gleiche Verständnis in Bezug auf diese Eigenschaften hat.

Nochmals, da es so wichtig ist: Werte basieren auf sehr persönlichen Erfahrungen und Einstellungen. Sie lassen immer viel Platz für Interpretationen. Jeder versteht z. B. unter »Ehrlichkeit« etwas anderes. Deshalb müssen die Werte so exakt wie möglich ausformuliert werden, was manchmal ein längerer, schwieriger und emotionaler Prozess sein kann. Ein Beispiel: Es wurde der Wert »Offenheit« definiert. Was genau bedeutet das für Ihr Unternehmen? Dass Sie offen für Neues sind (also passiv)? Sind Sie wirklich für alles offen? Oder z. B. nur für Neuerungen aus bestimmten Bereichen? Oder bedeutet Offenheit für Sie, dass Sie in Ihrer Kommunikation zum Kunden immer offen sind (also aktiv)? Was genau würde es bedeuten, wenn Sie dem Kunden gegenüber immer offen sind? Dass Sie ihm erzählen, wenn es Probleme in der Fertigung gibt? Sie können bereits erkennen, dass es unzählige Interpretationsmöglichkeiten gibt. Deshalb ist es wichtig, den Markenwert so genau wie möglich zu definieren, damit Sie am Ende des Prozesses auch ein einheitliches Verständnis im ganzen Unternehmen schaffen können.

Methode 2: Das Personenmodell

Das ist meine persönlich präferierte Methode, die allerdings ein wenig mehr Zeit erfordert und ein gewisses Abstraktionsdenken der Teilnehmer voraussetzt. Das Vorgehen funktioniert wie folgt: Ich bitte die Teilnehmer darum, sich die Marke wie eine Person vorzustellen. Diese Person wird nun so detailliert wie möglich beschrieben. Wenn Ihr Unternehmen eine Person wäre, wie alt wäre sie? Ist sie männlich, weiblich oder geschlechtsneutral? Welchen Beruf würde sie ausüben? Wie würde diese Person wohnen? In der Stadt? Auf dem Land? In einer Loft-Wohnung oder einem eigenen Haus? Welches Auto würde sie fahren? Welche Freunde hätte diese Person? Und nicht zuletzt die wichtigste Frage: Welchen Charakter hat diese Person? Je präziser Sie diese Person beschreiben, desto bessere Informationen haben Sie später für all Ihre Marketingaktivitäten. Denn bei Fragen wie:»Welche Art Geschenke würde diese Person machen?« lassen Sie später ganz einfach und schnell z. B. ein Kundenpräsente-Sortiment aufbauen. Oder einen Beschwerdeleitfaden erstellen. Oder die richtigen Worte (Kommunikation) in der Kundenansprache finden.

Für die Aufgabe der Markenwerte ist der beschriebene Charakter der Person ausschlaggebend. Ist sie loyal, erfinderisch, seriös, konservativ etc.? Wie bei der vorherigen Methode geht es im nächsten Schritt um die Verdichtung der Eigenschaften – bis zu einer Liste von maximal fünf Werten, die dann wiederum mit jeweils zwei bis drei Sätzen exakt definiert werden. Zum Schluss bringen Sie die definierten Werte noch in eine Prioritätenliste. Nach der Priorisierung ist der oberste Wert natürlich Ihr wichtigster Markenwert.

Ein Beispiel aus meiner Praxis:

Der oberste Markenwert des Unternehmens lautet **Motivation**. Die Ausformulierung: »Motivation ist der oberste Markenwert. Motivation ist der Wert, der das Unternehmen von anderen Portalen unterscheidet. Er wird in jeder einzelnen Handlung sichtbar und spürbar. Das Unternehmen zeigt Tatkraft und Initiative, möchte etwas vorantreiben und bewegen. Das Unternehmen motiviert Kunden, Geschäftspartner und Mitarbeiter zu bestmöglichen Ergebnissen, zum permanenten Dialog/Austausch, zur größtmöglichen Zufriedenheit.«

Bei dieser Methode kamen in meiner Praxis bereits erstaunliche Ergebnisse zutage. Ein weiteres Beispiel aus meiner Praxis: Bei einem mittelständischen Unternehmen, das bereits seit über 20 Jahren erfolgreich auf dem Markt tätig war, befragte ich die vier Geschäftsführer und die sechs Bereichsleiter jeweils einzeln. Ich bat sie also, sich das Unternehmen als Person vorzustellen, und ließ sie diese (angeleitet mit insgesamt acht Fragen) so präzise wie möglich beschreiben. Als Ergebnis bekam ich sechs komplett unterschiedliche Personen, die sich lediglich im Alter einigermaßen glichen. Sie können sich die Überraschung vorstellen, als ich diese im kompletten Kreis präsentierte. Es entwickelte sich eine sehr lebhafte und längere Diskussion, an deren Ende alle Beteiligten ihre Sichtweisen und Personen dargelegt und sich auf eine Person (inklusive Charakter und Lebensweise) geeinigt hatten. Dieser Prozess war sehr wichtig, weil dabei klar wurde, dass die Ursache vieler Probleme in der Vergangenheit genau auf diesen unterschiedlichen Sichtweisen basierte. Nach diesem temperamentvollen Prozess lief der weitere Workshop quasi wie eine präzise aufgestellte Dominostein-Reihe, in welcher der erste Stein angestoßen wurde und die restlichen Steine in einer großartigen Formation umfielen. Alles, was danach erarbeitet wurde, war somit »eh klar« und logisch.

Methode 3: Die Markenwerteliste
Wenn nur wenig Zeit für die Entwicklung der Markenwerte ist, verwende ich gern eine einfache und wirkungsvolle Methode. Ich habe eine Liste mit ca. 200 Werten entwickelt, die ich laut vorlese. Bevor ich anfange, die Liste vorzulesen, bitte ich alle Anwesenden, sich auf das Experiment einzulassen. Das bedeutet: Ich lese jeden Wert einzeln (zügig) vor. Immer, wenn sich der »Bauch« eines Anwesenden »meldet«, gibt er ein kurzes Signal und der Wert wird (ohne Diskussion oder Erklärung) markiert. Meist habe ich nach dem ersten Vorlesen eine Auswahl von 30 bis 40 Werten. Alle 200 Werte habe ich auf Moderationskarten einzeln notiert. Die Moderationskarten der markierten Werte werden nun auf eine Metaplan-Wand gepinnt oder auf dem Boden ausgebreitet. Im nächsten Schritt werden die Werte geclustert und kurz andiskutiert. Oftmals ähneln sich Werte oder Teilnehmer ordnen zwei scheinbar unterschiedlichen Werten die gleiche Bedeutung zu. Meist werden in diesem Schritt auch bereits einige Werte wieder aussortiert. Als erstes Teilergebnis ergeben sich nun maximal fünf Werte-Cluster, die mit einem zusammenfassenden (übergeordneten) Wert benannt werden.

Nach der Sammlung und Clusterung geht es wieder um das weitere Sortieren und Verdichten. Um ein einheitliches Verständnis zu schaffen und Missverständnisse zu vermeiden, ist eine exakte Definition der Werte erforderlich. Der nächste Schritt ist wiederum die Priorisierung der Werte. Die wichtigsten zwei Fragen für die Priorisierung sind:

1. Ist dieser Wert für den Kunden wichtig und relevant?
2. Können wir diesen Wert als Unternehmen tatsächlich leisten?

Hilfreich ist hier die Einordnung der Werte in folgende Grafik:

hoch		
	Verbesserungspotenzial Werte, die für den Kunden relevant sind, aber vom Unternehmen nur schwer erbracht werden können.	**MARKENWERTE** Werte, die für den Kunden relevant sind und vom Unternehmen erkennbar gut erbracht werden können.
Relevanz für den Kunden	**Ignorieren** Werte, die für den Kunden nicht relevant sind und vom Unternehmen nur schwer erbracht werden können.	**Nicht im Fokus** Werte, die für den Kunden nicht relevant sind, aber vom Unternehmen erkennbar gut erbracht werden können.
gering	kann das Unternehmen leisten	hoch

Abb. 15: Grafik zur Einordnung und Klassifizierung der Markenwerte

Als Ergebnis haben Sie also alle Werte einsortiert und wissen nun, welcher Wert an oberster Stelle steht – und damit der für Ihr Unternehmen und Ihren Kunden wichtigste Wert ist. Auch alle anderen Werte sind in der Grafik enthalten und zeigen Ihnen somit gleichzeitig Ihre Stärken und Schwächen.

Bitte denken Sie daran: Werte sind immer auch ein Ausdruck der inneren Haltung. Die Werte, die Sie nun definiert haben, sind ab sofort die Basis Ihrer Handlungen. Deshalb ist die Definition der Markenwerte auch eine nicht delegierbare Aufgabe der Geschäftsleitung. Agenturen, externe Dienstleister oder Marketingleiter können in diesem Fall nur Vorarbeit leisten. Die Begründung liegt auf der Hand: Markenwerte sollen tagtäglich (und in jedem Bereich des Unternehmens) für den Kunden erlebbar und spürbar sein.

1.2.4 Das Markenversprechen: der USP

Nun geht es noch mal ans Eingemachte: die Entwicklung des USP (Unique Selling Proposition oder Unique Selling Point). Das Alleinstellungsmerkmal bei der Positionierung, das unverwechselbare Verkaufsversprechen, das Herausstellen eines einzigartigen Nutzens Ihres Angebots, das sich von den Mitbewerberangeboten unterscheidet und den Kunden somit vom Kauf überzeugt. Also das Versprechen an Ihre Kunden, das für Ihre Einmaligkeit und die Einmaligkeit Ihres Angebots steht.

In der Literatur finden sich viele (alternative) Begriffe für den USP: Markenkern, Markenessenz, Markenversprechen, Brand Eye, Alleinstellungsmerkmal etc.

Ziel ist jetzt, **den** entscheidenden Faktor für Ihren Erfolg – im Vergleich zum Wettbewerb – zu finden. Mit diesem Faktor schaffen Sie es, in den Köpfen Ihrer (potenziellen) Kunden eine gewisse Einzigartigkeit, eine Identifikation und eine Bindung an Ihre Marke zu erzeugen. Sie setzen damit Ihrer Markenpyramide die Krone auf.

Die Grundvoraussetzung zur Findung des USP ist, sich in die Position Ihres Kunden zu begeben, also seine Bedürfnisse, Erwartungen und Wünsche zu kennen. Denn letztendlich ist der USP nichts anderes als die Antwort auf die Frage: Warum soll der Kunde das Produkt, die Dienstleistung genau bei Ihnen kaufen – und nicht bei Ihrem Mitbewerber?

Die **Vorarbeiten** zur Findung Ihres USP haben Sie bereits getätigt: Ihre Kernkompetenzen, der Kundennutzen und die Markenwerte sind definiert.

Schauen Sie bei zwei Punkten nochmals genauer hin:
- **Die Analyse Ihrer Mitbewerber:** Betrachten Sie erneut die Ergebnisse aus der Mitbewerberanalyse. Womit werben Ihre Konkurrenten? Was stellen sie in den Vordergrund? Wie versuchen sie, Kunden zu gewinnen und zu überzeugen? Das ist schon mal ein wichtiger Hinweis. Denn um sich von Ihren Mitbewerbern wirklich zu unterscheiden, wissen Sie nun, wie sie nicht (!) auftreten werden.
- **Die Analyse der Trends:** Um auch in Zukunft auf dem Markt bestehen zu können, betrachten Sie nochmals die Trends. Sind Ihre besonderen Fähigkeiten auch in Zukunft gefragt? Welchen zusätzlichen Nutzen können Sie Ihren Kunden noch bieten?

Und nun machen Sie aus Ihren bisherigen Erkenntnissen eine einfache Rechnung auf: **1 + 2 + 3 = Ihr USP**

1. **Die Analyse Ihrer eigenen Stärken:** Diese haben Sie schon bei den Kernkompetenzen gesammelt und analysiert. Stellen Sie sich noch einmal die Fragen: Was können wir besonders gut? Im unternehmerischen Bereich, persönliche Fähigkeiten, Mitarbeiterkompetenzen. Betrachten Sie auch das Profil, das Sie bereits in Ihrem Dossier erstellt haben. Wo sind – im Vergleich zum Wettbewerber – Ihre Stärken und Schwächen? Wo können Sie sich abheben? Was kann/hat der Mitbewerber nicht?

2. **Die Analyse der Kunden:** In der Marktforschung haben Sie schon viel über Ihre potenziellen Kunden gelernt: seine Bedürfnisse, Wünsche, Sorgen, Kaufbarrieren etc. Die Frage hier lautet: Welches ist das größte Problem Ihres Kunden und wie können Sie es lösen? Welche Erwartungshaltung hat der Kunde beim Erwerb Ihres Produkts/Ihrer Dienstleistung?

3. **Was gewinnt der Kunde dabei?** Das ist des Pudels Kern. Der Gewinn Ihrer Kunden kann z. B. Zeit, Image, Geld, Sicherheit, Exklusivität, Abenteuer, Spaß sein. Benennen Sie hier einen Begriff.

Im ersten Durchgang werden Sie sicherlich zu jedem der drei Punkte mehrere Begriffe, Aussagen, Sätze finden. Lassen Sie alles noch einmal durch die vier Siebe fließen, die bereits bei den Markenwerten zum Einsatz kamen: Sind die gefundenen Begriffe inspirierend, relevant, differenzierend und glaubwürdig? Es wird nur einen Satz geben, der es durch alle vier Siebe schafft. Und genau das ist Ihr USP.

Ein paar Ansätze für einen USP:

- Emotionale Werte wie Sicherheit, Abenteuer, Exklusivität, Spaß, Wachstum
- Spezielle Serviceangebote, die über den normalen Nutzen hinausgehen
- Das Image Ihres Unternehmens
- Die Verwendung spezieller Zutaten oder Anwendung spezieller Verfahren
- Spezielle Fähigkeiten Ihrer Mitarbeiter
- Besondere Kombinationen von Produkten und Serviceangeboten

Formulieren Sie nun einen einzigen prägnanten Satz, den jeder versteht, der eingängig ist – und der vor allem aus Sicht der Kunden formuliert ist.

Hier die aus meiner Sicht drei wichtigsten Leitmotive zur Erarbeitung eines USP:

Be inspiring! Ein weiterer Hinweis, der Ihnen bei der Findung Ihres USP helfen kann: Verkaufen ist immer mit Emotionen verbunden. Kein Kunde trifft wirklich eine rationale Kaufentscheidung – auch, wenn wir das manchmal gern glauben möchten. Das ist bei der Komplexität und Unübersichtlichkeit der Produkte auch gar nicht möglich.

Die finale Kaufentscheidung ist immer ein Gefühl: den günstigsten Preis zu bekommen, den besten Service zu erhalten, die hippste Marke zu kaufen, den regionalen Händler vor Ort zu unterstützen, die schnellste Lieferung zu erhalten etc. Der Erwerb ist also in Wahrheit ein Erlebnis! Vom ersten Kontakt mit der Marke über das geweckte Interesse bis hin zum Kauf. Und danach natürlich noch die Bestätigung für den richtigen Kauf.

Deshalb: Formulieren Sie Ihren USP vor diesem Hintergedanken! Natürlich können Sie damit starten, einen **rationalen USP** zu definieren, also aus Sicht des Unternehmens. Doch anschließend begeben Sie sich in die Rolle des Kunden und formulieren den **emotionalen USP**. Mit welcher Emotion soll Ihr Kunde Ihren Laden betreten? Mit welchem Gefühl verlassen? Was soll Ihr Kunde anderen Interessenten sagen, warum er sich genau für Ihr Produkt/Ihre Dienstleistung entschieden hat? Wenn Sie diese Fragen (aus Kundensicht) beantwortet haben, dann haben Sie sowohl Ihren USP als auch den Kundennutzen oder den Kundenvorteil definiert.

Be different! Die wenigsten Unternehmen/Marken kommunizieren einen echten (!) USP, also einen echten Unterschied zum Wettbewerb, der auch noch verkaufsfördernd ist. Viele kommunizieren lediglich »Me Too«-Argumente. Bei einem USP geht es wortwörtlich um »unique« (also wirklich einzigartig) und um »Selling« (also wirklich verkaufsfördernd).

Daher hier einige weitere Ansätze, um den USP zu finden:
- Der Name des Produkts oder des Unternehmens, insofern er den Nutzen bereits beinhaltet oder wirklich »merkwürdig« ist. Beispiele hierfür sind easyJet (einfach fliegen) oder fluege.de (in der Werbung werden alle Umlaute wie einzelne Buchstaben ausgesprochen).
- Die Verpackung, insofern Sie dort etwas Besonderes integriert haben. Beispiel hierfür sind EmEukal Bonbons, die »nur echt mit dem Fähnchen« sind.

- Die Produktnutzung, insofern damit z. B. ein Zusatznutzen verbunden ist. Beispiele: »Have a break, have a KitKat« oder »Morgens halb zehn in Deutschland«.
- Inhaltsstoffe: »aus reinem Quellwasser gebraut«. Das allein reicht noch nicht. Hier muss noch der Grund/die Wirkung genannt werden.
- Die Haltung des Unternehmens: »Nichts ist unmöglich« (Toyota) oder »Just do it« (Nike).
- Der Inhaber: HiPP steht mit seiner Person und seinem Namen für die Qualität der Produkte.

Be credible! Das Wichtigste bei der Definition Ihres USP ist, dass er auch glaubwürdig ist – und das in Bezug auf Inhalt und Ausdruck. Wenn Sie etwas mit Ihrem USP versprechen, das Sie nicht halten können, dann wird Ihr Umsatz schnell und erkennbar zurückgehen, da Ihre Kunden das sofort spüren und sich zurückziehen werden. Wenn Sie den USP unglaubwürdig formulieren (z. B. einen englischen Claim für ein in Deutschland tätiges mittelständisches Unternehmen), wird das auch Ihre Glaubwürdigkeit und Akzeptanz beim Kunden beeinträchtigen.

Damit haben Sie endgültig die Spitze erreicht und Ihrer Markenpyramide die Krone aufgesetzt. Der Bau Ihrer Markenpyramide ist nun abgeschlossen und Sie haben auf einem DIN-A4-Blatt die wichtigsten Bestandteile Ihrer Markenpositionierung auf einen Blick:
- Ihre Kernkompetenzen als Fundament
- Den Kundennutzen als Bodenplatte
- Die Markenwerte als Mittelteil
- Ihren USP als Spitze der Pyramide

Noch ein wichtiger Hinweis zur Markenpyramide (siehe Abb. 13). Alles, was Sie – auf der rechten Seite – definiert haben, sollte – auf der linken Seite – eindeutig, klar, nachvollziehbar und verständlich formuliert und definiert werden. Weder Kernkompetenzen noch Kundennutzen, Markenwerte oder USP dürfen interpretationsbedürftig sein. Nach getaner Arbeit sind Missverständnisse oder Fehlinterpretationen ausgeschlossen.

1.2.5 Claim, Slogan oder was?

An dieser Stelle werde ich nun oft gefragt: Ist der ausformulierte USP jetzt unser Slogan oder Claim? Ich möchte daher hier kurz vorwegnehmen, was ich noch detaillierter in Kapitel 4 (Markenkommunikation) ausführen werde. Die Antwort auf die Frage lautet »Ja und Nein«. Ja, der USP kann seinen verbalen Ausdruck in einem Claim finden. Aber Nein, ein Claim ist etwas anderes als ein Slogan. Während ein Claim der Ausdruck des zentralen Markenversprechens ist – und meist auch optisch mit dem Logo verbunden ist –, ist ein Slogan nur eine Kampagnen-Headline, die auch nur temporär eingesetzt wird.

Ein guter Claim ist z. B. »Nichts ist unmöglich« von Toyota. Dieser Claim kann sich immer noch über eine hohe Bekanntheit freuen, obwohl Toyota ihn bereits seit Jahren nicht mehr nutzt. Claims können einen hohen Wiedererkennungswert aufweisen. Sie wirken nachhaltig und langfristig, was das Beispiel von Toyota beweist. Meist sind sie direkt mit dem Logo verbunden und wirken so (je nach Kampagnenbudget und -druck) als starker Anker bei der Zielgruppe, die diesen Claim mit der Marke verbinden. Doch sie unterliegen auch Trends und können sich wandeln. Viele erinnern sich sicher an den Claim »Come in and find out« von der Parfümeriekette Douglas. Das Problem an diesem Claim war, dass dieser in Deutschland oft falsch interpretiert und »zu deutsch« übersetzt wurde mit »Komm rein und finde raus«. Das führte bei vielen Kunden eher zu einem Lachen statt zu der gewünschten Glaubwürdigkeit und Imagebildung.

Ein Claim ist dann gut und wirkungsvoll, wenn

- der USP im Mittelpunkt steht,
- er von der Zielgruppe (in allen relevanten Märkten) richtig verstanden wird,
- der Kundennutzen sofort erkennbar ist,
- er neugierig macht und die Aufmerksamkeit weckt.

Schöne Beispiele für gute Claims sind »Freude am Fahren« von BMW, »Ich liebe es« von McDonald's oder »Gut. Besser. Paulaner« vom Bierproduzenten Paulaner.

1.3   Pflicht oder Kür (Markenrechte und Patente)

Ihre Marke hat nun schon eine Positionierung. Lassen Sie uns noch einen Blick auf den Schutz Ihrer Marke werfen und sie damit quasi auch juristisch absichern. Wenn Sie sich, Ihr Unternehmen oder Ihre Produkte vor (unerwünschten) Nachahmern schützen wollen, dann sollten Sie auch Ihre Marke schützen, also eintragen lassen. Für einen Markenschutz in Deutschland ist das Deutsche Patent- und Markenamt (DPMA) zuständig. Für den europäischen Schutz Ihrer Marke ist das Amt der Europäischen Union für geistiges Eigentum (EUIPO) zuständig und für den internationalen/ weltweiten Schutz stellt man über das DPMA einen Antrag an die Weltorganisation für geistiges Eigentum (WIPO). Alle aktuellen Bestimmungen, Merkblätter, Anforderungen, Kosten etc. finden Sie auf der Website des Deutschen Patent- und Markenamts unter www.dpma.de.

Um eine Marke eintragen zu lassen, müssen Sie im Vorfeld überlegen, in welchen Bereichen Sie Ihre Marke schützen lassen wollen. Jede Marke wird bestimmten Waren und/oder Dienstleistungen zugeordnet. Diese Waren und Dienstleistungen wiederum werden in eine Klassifizierung eingeteilt – die sogenannten Nizza-Klassen. Eine ausführliche Beschreibung der Klassen finden Sie wiederum unter www.dpma.de. Hier können (und sollten) Sie auch prüfen, ob Ihre »Wunschmarke« bereits von einem anderen Unternehmen eingetragen und damit geschützt wurde. So einfach eine Markenanmeldung auch zu sein scheint, so viele Fallstricke gibt es auf dem Weg bis zum finalen Schutz. Daher ist die professionelle Unterstützung eines Patentanwalts sehr zu empfehlen.

Die Markeneintragung erfolgt nach einem genau definierten Prozess, der anderen Unternehmen Gelegenheit bietet, Einspruch gegen die Anmeldung zu erheben. Im Durchschnitt benötigt eine Markenanmeldung für Deutschland ungefähr drei Monate mit einer anschließenden Einspruchsfrist von weiteren drei Monaten. Bei einer EU-Markenanmeldung dauert der Anmeldeprozess bis zu sechs Monate, da hier die Widerspruchsfrist im Eintragungsprozess integriert ist. Für eine IR-Markenanmeldung (also international) müssen Sie ebenfalls mit bis zu sechs Monaten rechnen, allerdings mit einer anschließenden Widerspruchsfrist von 12 bis 24 Monaten (länderspezifisch geregelt). Im Anschluss sind Sie für die Markenüberwachung selbst verantwortlich. Auch dafür empfiehlt sich eine professionelle Unterstützung durch einen Anwalt. Alternativ können Sie auch einen Google Alert einrichten, damit Sie automatisch informiert werden, wenn Ihre Marke verwendet wird. Dieser Alert ist jedoch lediglich eine Information und natürlich nicht rechtlich verbindlich.

Noch eine wichtige Information: Wenn Sie Ihre Marke für bestimmte Klassen eintragen lassen, kann sich trotzdem ein anderes Unternehmen die gleiche Marke in anderen Klassen eintragen lassen. Ein Beispiel: Kennen Sie den Schokoriegel Bounty (von Mars Incorporated) mit den Kokosflocken, den es seit über 60 Jahren auf dem Markt gibt? Das Unternehmen hat sich den Namen Bounty natürlich schützen lassen – in diesem Fall in der Nizza-Klasse 30 (u. a. Schokolade). Vielleicht kennen Sie auch die Bounty Küchenrollen (von Procter & Gamble), die Ende der 1990er-Jahre in Deutschland mit eine großen Werbekampagne eingeführt wurden? Wie kann das sein, wenn doch Bounty bereits als Marke geschützt ist? Ganz einfach: Die Küchenrollen gehören einer anderen Nizza-Klasse an (Klassen 16 und 21). Die Klasse 16 umfasst u. a. auch Küchenpapierrollen.

Wenn Sie nun z. B. Ihren Firmennamen schützen lassen wollen, sollten Sie im ersten Schritt eine **Marken- und Ähnlichkeitsrecherche** machen – am einfachsten online über die drei Markenämter DPMA (für deutsche Marken), EUIPO (für europäische Marken) und WIPO (für internationale Marken). Wenn Ihre Wunschmarke noch nicht als Marke eingetragen wurde, können Sie im nächsten Schritt prüfen, ob Ihre Wunschmarke eine sogenannte »Unterscheidungskraft« besitzt. Allgemeine Begriffe wie »Schreibtisch« oder »Nudel« sind (heutzutage) nicht schutzfähig. Eine »Deutsche Bank« würde nach heutiger Gesetzgebung wohl keinen exklusiven Markenschutz mehr eintragen lassen können. Unglücklicherweise gibt es keine Art Liste von nicht schutzfähigen Begriffen. Es liegt nach meinem Kenntnisstand im Ermessen des Amts, die Unterscheidungskraft zu bestätigen. Wenn Sie bei Ihrem Firmennamen unsicher sind, lohnt sich eine kurze informelle Anfrage beim zuständigen Amt, bevor Sie einen offiziellen Antrag zum Markeneintrag stellen. Ihre Wunschmarke darf natürlich auch nicht gegen gute Sitten oder die öffentliche Ordnung verstoßen. Und sie darf auch nicht in die Irre führen, also z. B. »Bio« im Namen enthalten, wenn Sie gar kein »Bio« anbieten.

Haben Sie alles abgeklärt? Im Idealfall haben Sie sowieso einen Marken- und Patentanwalt engagiert, der die komplette Anmeldung für Sie übernimmt. Wenn Sie es selbst machen wollen, dann erkundigen Sie sich über den kompletten Anmeldeprozess am besten direkt über die Webseiten der beiden Ämter DPMA und EUIPO. Dort finden Sie alle aktuellen Anmeldeunterlagen, Kosten und Fristen auf dem aktuellsten Stand.

Was können Sie schützen lassen? Und was ist sinnvoll? Grundsätzlich kann man alles als Marke eintragen lassen, das dazu geeignet ist, zwischen Waren oder Dienstleistungen von Unternehmen A und Waren oder Dienstleistungen von Unternehmen B zu unterscheiden.

> **!** **Wichtig**
>
> Marken können aus Wörtern, Buchstaben und Zahlen bestehen (Wortmarke), aus Abbildungen (Bildmarke), aus dreidimensionalen Gegenständen (dreidimensionale Marken) oder auch aus akustischen Signalen (Hörmarken).

Eine kurze Erläuterung zu den einzelnen Markenformen:

Von **Wortmarken** spricht man, wenn Sie einen Namen oder eine Bezeichnung als Marke eintragen lassen wollen. Dabei kann es sich um einen Firmennamen, einen Produktnamen oder auch einen Fantasienamen handeln. Nicht nur Worte, sondern auch einzelne Buchstaben oder Zahlen oder deren Kombination können geschützt werden. Nach dem Eintrag haben Sie ein exklusives Nutzungsrecht in den gewählten Klassen und Ländern.

Bei einer **Bild- oder Wort-Bild-Marke** handelt es sich um das Logo oder eine andere Abbildung, die Sie schützen lassen wollen. Das Firmen-Logo ist eines Ihrer stärksten optischen Aushängeschilder. Somit lohnt es sich, über einen entsprechenden Schutz nachzudenken. Handelt es sich bei Ihrem Logo um eine rein optische Darstellung, dann geht es um den Eintrag einer **Bildmarke**. Möchten Sie das optische Element inklusive eines gestalteten Schriftzugs schützen lassen, dann spricht man von einer **Wort-Bild-Marke**. Für beide gelten natürlich die gleichen Voraussetzungen wie für eine Wortmarke:

- Klasseneinteilung
- Verfügbarkeit
- Verstoß gegen gute Sitten
- Irreführung

Der Eintrag einer Wort-Bild-Marke bedeutet, dass Sie z. B. Ihr Logo inklusive Schriftart und Farben (dabei sind exakte Farbangaben nötig) schützen lassen. Kein anderes

Unternehmen darf also diese Kombination an Farbe, Form und Gestaltung nutzen (oder nur unwesentlich abändern).

Achtung   **!**

Wenn Sie etwas am Logo verändern, müssen Sie auch den Schutz anpassen lassen.

Akustische Signale (Hörmarken): Viele Unternehmen nutzen in ihrer Markenführung auch akustische Signale, also einzelne Töne, Melodien oder sonstige Geräusche, um sich von den Angeboten der Wettbewerber zu unterscheiden. Das können z. B. Erkennungsmelodien oder Jingles sein – der bekannteste deutsche Jingle ist aktuell sicher der Jingle der Deutschen Telekom AG und international das Gebrüll der MGM-Löwen.

Auch Farben sind schutzfähig **(Farbmarken)**. Seit einigen Jahren ist es auch möglich, bestimmte Farben für einen bestimmten Bereich schützen zu lassen. Farben haben einen immensen Einfluss auf die Konsumenten und sind daher zu Recht ein elementarer Bestandteil der Markenführung. Die Eintragungshürden sind hier allerdings sehr hoch. So müssen z. b. mindestens 50 Prozent der angesprochenen Zielgruppe nachweislich die Farbe mit dem Produkt oder der Dienstleistung kennen. Prominente Beispiele hier sind das Milka-Lila, das Nivea-Blau und die Farbe Magenta von der Deutschen Telekom AG.

Auch wenn das nicht originär zur Markenführung gehört, werde ich oft gefragt, ob es sich lohnt, ein **Patent** auf eine besondere Verfahrensweise, ein spezielles technisches Verfahren oder eine bestimmte Geschäftsidee anzumelden. Wenn es wirklich etwas Besonderes ist, sollten Sie es natürlich vor Nachahmern schützen lassen. Das Patent ist wohl das bekannteste gewerbliche Schutzrecht in Deutschland. Auch hier erfolgt die Anmeldung in Deutschland über das DPMA, in Europa über das Europäische Patentamt (EPO) und international ebenfalls über das DPMA.

Nach der Marken- oder Patentanmeldung ist noch nicht Schluss. Wenn Sie sich für eine Marken- oder Patentanmeldung entschieden haben, ist nach der Anmeldung und Genehmigung noch nicht Schluss. Aus eigener (Kunden-)Erfahrung ist es unerlässlich, nach dem erfolgreichen Eintrag eine kontinuierliche Recherche anzusetzen. Sie sind selbst dafür verantwortlich, sich auf dem Laufenden zu halten und gegebenenfalls gegen neuere Anmeldungen Widerspruch einzulegen. Deshalb empfiehlt es sich, hier eine erfahrene Anwaltskanzlei einzuschalten und mit der Überwachung der Marke zu beauftragen.

1.4   Noch mal: Ziele, Zielgruppen und Visionen

Man kann es nicht oft genug erwähnen: Das Wichtigste für Ihr Unternehmen, Ihr Angebot und den erfolgreichen Verkauf sind Ihre Ziele, Ihre Vision und dass Sie Ihre Zielgruppen wirklich genau kennen.

1.4.1   Ziele und Visionen

Der Unterschied zwischen den Zielen und einer Vision ist die Zeit, die Realisierung und die Messbarkeit. Da dies oft verwechselt wird beziehungsweise alternativ (und damit fälschlich) genutzt wird, hier eine kurze Erläuterung: Eine Vision ist eine Beschreibung eines Zustands, den das Unternehmen in der Zukunft anstrebt. Sie dient zur Orientierung für alle künftigen Aktivitäten. Eine Vision ist also ein Bild der Zukunft, das die Mitarbeiter im Idealfall begeistert und motiviert und als Wegweiser dient. Ein Ziel hingegen ist konkret, messbar und mit einem Zeithorizont versehen.

Welches ist Ihre Vision für Ihre Marke? Wo sehen Sie die Marke in zehn Jahren? Was wollen Sie mit Ihrer Marke erreichen? Soll sie z. B. Menschen dabei helfen, ein gesünderes Leben zu führen? Oder wollen Sie mit Ihrer Marke die Welt verändern? Oder einen bestimmten Beitrag zur Gesellschaft leisten? Oder das meistverkaufte Produkt der Region sein? Oder das Unternehmen so aufbauen, dass Sie es in einigen Jahren zu einem hohen Preis verkaufen können? Visionen funktionieren im Großen und im Kleinen. Wichtig ist nur, dass Sie eine Vision haben. Sonst agieren Sie ohne Sinn und Ziel wie ein verlorener Satellit im Weltall. Die Firma Google zum Beispiel hat folgende Vision: »to provide access to the world's information in one click.«[18] Übersetzt in etwa »Mit nur einem Klick auf die Informationen der Welt zugreifen«. Die wichtigsten Punkte dabei sind »nur ein Klick«, »Informationen der ganzen Welt« und »Zugriff«. Wikipedia hat eine ähnliche Vision: »Imagine a world in which every single person on the planet is given free access to the sum of all human knowledge. That's what we're

---

18   http://panmore.com/google-vision-statement-mission-statement

doing.« Übersetzt: »Stellen Sie sich eine Welt vor, in der jeder Mensch an der Gesamtheit allen Wissens frei teilhaben kann.«[19]

Die markanten Punkte hier sind »freier Zugang«, »jede Person« und »alles menschliche Wissen«. Eine Vision treibt ein Unternehmen voran, motiviert Mitarbeiter und führt letztendlich zu konkreten Zielen. Wie kann man eine Vision entwickeln? Es gibt ein schönes Verfahren, das auch oft in Coachings angewendet wird. Nehmen Sie Ihr branchenspezifisches Lieblingsmagazin und fangen Sie an, ein wenig zu träumen. Stellen Sie sich vor: In 10 Jahren erscheint in genau diesem Magazin ein Artikel über Sie und Ihr Unternehmen. Es ist der Leitartikel. Was soll in diesem Artikel stehen? Stellen Sie es sich so genau wie möglich vor. Wie viele Mitarbeiter hat das Unternehmen dann? Wie viel Umsatz macht das Unternehmen? Mit welcher Schlagzeile und welchem Bild soll das Unternehmen auf der Titelseite stehen? Diese »Übung« sollten alle Inhaber, Geschäftsführer und geschäftsführenden Partner machen. Lassen Sie Ihrer Fantasie freien Lauf. Schreiben Sie sich diese Vision auf und gleichen Sie die Visionen aller Teilnehmer ab. Am Ende kann es nur eine (gemeinsame) Vision geben. Wenn Sie wollen, dann nehmen Sie ein Foto und basteln Sie gemeinsam den Artikel. Das ist Ihre gemeinsame Vision! Je konkreter diese formuliert wird, desto sicherer werden Sie gemeinsam an der Erfüllung arbeiten. Bewusst, aber auch unbewusst.

Aus der Vision werden dann die **konkreten Ziele** definiert. Welche Ziele sollen mit der Marke erreicht werden, um der Vision Schritt für Schritt näher zu kommen? Wie oben bereits erwähnt ist ein Ziel nur dann ein gutes Ziel, wenn es konkret ist, wenn es messbar ist und wenn es mit einem Zeithorizont versehen ist. Am besten überprüft man eine Zielsetzung mit der SMART-Formel, die oft im Projektmanagement eingesetzt wird. SMART steht dabei für

- S wie spezifisch, d. h., das Ziel soll so genau und konkret wie möglich formuliert werden. Statt »Der Umsatz soll gesteigert werden« definieren Sie Ihre Umsatzziele ganz genau. Zum Beispiel: Wie viel Stück wollen Sie genau zu welchem Preis verkaufen? Abzüglich aller Abgaben: Wie viel Gewinn wollen Sie am Ende des Jahres haben?
- M wie messbar. Ziele sind nur dann echte Ziele, wenn man sie auch messen und quantifizieren kann. Statt »Senkung der Kampagnenkosten« könnte es heißen

---

19   https://de.wikiversity.org/wiki/Einführung_in_Wikipedia/Wer_betreibt_Wikipedia%3F

»Senkung der heutigen (TT.MM.YYYY) Kampagnenkosten von xx Euro auf yy Euro bis zum TT.MM.YYYY«.

- A wie akzeptiert oder auch attraktiv. Dahinter versteckt sich die Motivation, also wofür man das Ziel erreichen soll. Nichts ist demotivierender, als wenn man den Sinn hinter einem Ziel nicht erkennt. Wofür müssen also z. B. die Kampagnenkosten gesenkt werden? Was kann damit gewonnen (oder verhindert) werden? Entscheidend ist es ja schließlich, das Ziel auch zu erreichen – und nicht nur zu dokumentieren und zu verwalten.
- R wie realistisch. Also die Festlegung der Ziele unter Berücksichtigung der vorhandenen Ressourcen (technisch, menschlich, zeitlich). Es ist ziemlich unrealistisch, die Kampagnenkosten um 50 Prozent zu senken und dabei die Bekanntheit um 50 Prozent zu steigern. Realistische Ziele werden auch deutlich stärker akzeptiert und wirken motivierend. Allerdings sollte natürlich schon eine Herausforderung damit verbunden sein.
- T wie terminiert. Ziele brauchen einen konkreten Zeitrahmen. Etwas »in einem Jahr« erreichen zu wollen ist nicht zielführend, denn damit hat man an jedem neuen Tag wieder ein volles Jahr zur Verfügung, um das Ziel zu erreichen. Setzen Sie also ein konkretes Datum an.

Also: Welches konkrete Ziel wollen Sie mit Ihrer Marke bis wann genau erreichen? Welche Schritte sind wirklich notwendig, um Ihre Vision wahr werden zu lassen? Sind die Ziele SMART formuliert? Denken Sie daran: Ziele sind nicht immer unbedingt in Stein gemeißelt. Vielmehr sollten Sie – genau wie bei der Marktanalyse – einen regelmäßigen »Ziele-Sturz« machen. Was haben Sie bereits erreicht? Wie hat sich der Markt geändert? Und die Kunden? Was muss angepasst oder geändert werden? Aber auch: Was lief bisher richtig gut? Womit haben wir den meisten Umsatz gemacht? Was haben unsere Kunden im vergangenen Jahr am meisten gelobt? Wo mussten wir die meiste Kritik einstecken? Wie gut haben die Mitarbeiter die Marke verstanden? Und wie gut kommunizieren sie dies an die Kunden? Was kann oder muss an unserem Angebot verbessert werden? Haben sich Kundeneinstellungen und -anforderungen verändert? Bei diesen Entscheidungen helfen Ihnen auch die Trends, die Sie bereits identifiziert haben. Beispiel: Das Kaufverhalten der Menschen verlagert sich immer mehr ins Internet. Was bedeutet das für Ihr Unternehmen?

Ein Beispiel aus der Nachbarschaft: Bekanntermaßen kaufen Menschen Bücher in der Zwischenzeit hauptsächlich online. Kaum jemand macht sich die Mühe (oder sollte ich sagen: gönnt sich den Genuss), in einen Buchladen zu gehen und dort in Ruhe zu stöbern und zu entdecken. Trotz dieser negativen Entwicklung hat vor wenigen Jahren ein neuer Buchladen in der Nachbarschaft eröffnet. Seine Vision? In etwa: Menschen vom Buch begeistern beziehungsweise Lesen macht Spaß. Die beiden Inhaberinnen haben sich etwas überlegt, um mehr Kunden in den Laden zu bekommen – und natürlich den Umsatz zu steigern. Wie gewohnt kann man auch hier jedes beliebige Buch online bestellen und nach Hause liefern lassen oder direkt im Laden abholen. Die Abholung wird damit beworben, dass die Bücher verpackungsfrei an den Buchladen geliefert werden und damit die Umwelt geschont wird. Das kommt an, sodass viele Menschen ihr bestelltes Buch direkt im Buchladen abholen und dabei wie»von selbst« weitere Bücher entdecken. Zudem gibt es regelmäßige Lesungen für Kinder: Die Buchhändlerinnen lesen den Kindern einen Teil des Buches vor. Wenn sie weiterlesen wollen, dann müssen sie das Buch kaufen. Das kommt auch bei den Eltern sehr gut an, da Kinder dazu animiert werden, gerne zu lesen. Die Buchhändlerinnen bieten darüber hinaus eine exzellente Beratung: Viele Bücher, die in ihrem Laden stehen, haben sie selbst gelesen und können daraus erzählen. Das Ergebnis? Bereits im ersten Jahr bekamen die Inhaberinnen die Auszeichnung des »Deutschen Buchhandlungspreises« – und so war es auch in den Folgejahren.

1.4.2   Zielgruppe

Die Frage nach den Zielen und der Zielgruppe ist eine der wichtigsten und entscheidendsten Fragen beim Markenaufbau. Deshalb möchte ich das Thema Zielgruppe hier nochmals intensivieren: Denn viel zu oft erhalte ich auf meine Frage nach der Zielgruppe eine Aussage wie »Eigentlich jeder« oder »Alle Männer über 20 Jahre«. Das kann sogar für einige wenige Konsumgüter stimmen, doch in den meisten Fällen steht dahinter nur die Angst, sich festzulegen oder eventuelle Käufer auszuschließen. Im Ernst: Die wenigsten Unternehmen haben eine Zielgruppe, die mehrere Millionen potenzielle Kunden umfasst. Je genauer Sie die Zielgruppe definieren, desto zielgerichteter können Sie sie ansprechen. Die Gesellschaft, die Menschen, ihre Anforderungen, Bedürfnisse und Werte befinden sich in einem stetigen Wandel. Was gestern noch gültig war, ist heute schon nicht mehr gültig. Denken Sie z. B. an Autos: Früher galt das eigene Auto als wichtiges Statussymbol. Heute jedoch ist es – in der Stadt dank Carsharing – nicht mehr notwendig, ein eigenes Auto zu haben. Vielmehr überlegen immer mehr Menschen in der Stadt, ob es wirklich noch notwendig ist, ein eigenes Auto zu besitzen. Und Jugendliche machen den Führerschein immer später.

Oder: Früher galt ein schönes Stück Fleisch auf dem Teller noch als Luxusgut. Heute haben sich die Einstellungen geändert. Bereits 10 Prozent der Menschen, die in Deutschland leben, sind Vegetarier. Heute ist es üblich, zumindest einen Tag in der Woche auf Fleisch zu verzichten oder an nur einem Tag in der Woche Fleisch zu verzehren.

Überprüfen Sie daher Ihr Angebot regelmäßig und passen Sie es gegebenenfalls an die geänderten Bedürfnisse an. Auch wenn es nicht immer einfach ist, zwischen einer vorübergehenden Modeerscheinung oder einem echten Zukunftstrend zu unterscheiden. Und überprüfen Sie vor allem regelmäßig, ob die Ziele noch zu Ihrer Zielgruppe passen oder die Zielgruppe zu den Zielen passt!

Schauen Sie bei Ihrer Zielgruppe noch mal genau hin. Passt sie (noch) zu Ihren Zielen? Passt Ihr Angebot – mit allen Produktions-, Kauf- und Logistikschritten – noch zu Ihrer Zielgruppe? Ist Ihre Zielgruppe groß genug, damit Sie Ihre Ziele (oder gar Ihre Vision) mit dieser Zielgruppe erreichen können? Oder droht gar ein sukzessiver Rückgang der Zielgruppe in den nächsten zehn Jahren (Stichwort Alterspyramide)? Haben sich vielleicht sogar neue Zielgruppen für Sie aufgetan? Oder zeichnet sich in den nächsten Jahren eine neue Zielgruppe für Ihr Angebot ab? Wächst eine neue interessante Generation heran?

Es ist eine Herausforderung, die Zielgruppen und die Sicht auf die eigenen Zielgruppen immer up to date zu halten. Da jedoch genau dieser Punkt die Basis für Erfolg oder Misserfolg ist, lege ich Ihnen auch eine (mindestens) jährliche Überprüfung Ihrer Zielgruppe nahe. Dies kann mithilfe der Personas geschehen (siehe Kapitel 1.1.4) oder mit dem sogenannten Empathie-Mapping, das von der Firma XPLane entwickelt wurde.[20] Beim Empathie-Mapping geht es vor allem darum, bei Änderungen (des Angebots, des Markts, Trends etc.) immer den Menschen (Kunden) im Zentrum zu behalten. Dadurch bekommt man einen sehr guten Einblick in die Motivation der potenziellen Kunden, um herauszufinden, warum Kunden so sind, wie sie sind. Es erhöht tatsächlich das Verständnis für den Kunden und für Geschäftspotenziale und -risiken. Mit dem Empathie-Mapping werden Meinungen und Sichtweisen aus mehreren Perspektiven analysiert.

---

20   https://gamestorming.com/empathy-mapping/

Und so funktioniert es: Ähnlich wie bei der Methode mit den Personas versetzen Sie sich in die Lage eines (potenziellen) Kunden und erleben – aus dessen Perspektive – das Angebot Ihres Unternehmens. Definieren Sie vorab drei typische Personen aus Ihrem Kundenkreis so detailliert (und natürlich realistisch) wie möglich, mit Namen, Beruf, Alter und Einkommen. Diese drei typischen Personen sollten sich ausreichend voneinander unterscheiden. Beispiel:

- Person 1: ein 25-jähriger Mann (Name: Norbert, Beruf: Bankkaufmann) mit einem HHNE von 2 000 Euro pro Monat, der sehr medienaffin ist und großen Wert auf Naturschutz und Nachhaltigkeit legt.
- Person 2: eine alleinerziehende Mutter (Sabine), 35 Jahre alt. Im Beruf arbeitet sie als Kundenberaterin in einem Reisebüro. Ihr monatliches Einkommen beträgt 2 500 Euro. Wegen Kind und Beruf legt sie Wert darauf, dass alles sehr unkompliziert, praktisch und schnell geht. Sie hat keine Zeit, gemütlich durch einen Laden zu streifen.
- Person 3: ein Paar, sie 42 Jahre, er 47 Jahre alt (Caroline, angestellte Kommunikationsberaterin, und Michael, Vertriebsleiter in einem mittelständischen Unternehmen). Zusammen haben sie ein monatliches Einkommen von 4 500 Euro. Sie haben ein Auto (einen SUV), fahren am Wochenende gerne in die Berge und gönnen sich jedes Jahr einen zweiwöchigen Luxusurlaub in der Karibik oder exotischen Ländern.

Dann zeichnen Sie das erste Profil (Gesicht) des ersten Kunden. Seien Sie bitte auch hier kreativ und so realitätsnah wie möglich. Hat dieser Kunde einen Bart? Oder trägt er eine Brille? Alle Details helfen Ihnen später, die drei Personen auf Anhieb zu unterscheiden.

Ziel dieser Methode ist, das Umfeld, das Verhalten, das Anliegen und die Wünsche der Kunden besser zu verstehen. Zur besseren Darstellung gibt es die sogenannte Empathie-Karte. Diese wird – entsprechend der definierten Personenmerkmale – in sechs Felder eingeteilt:

1. Was sieht der Kunde? Was sieht der Kunde in seinem Umfeld? Wie sieht es dort aus? Welche anderen Menschen umgeben ihn? Welchen Angeboten ist er täglich ausgesetzt? Welchen Problemen steht er gegenüber?

2. Was hört der Kunde? Gemeint ist damit: Was sagen seine Freunde? Seine Familie? Wer hat wirklich Einfluss auf den Kunden? Welche Medien beeinflussen ihn?

3. Was denkt und fühlt er wirklich? Versetzen Sie sich in die Lage des Kunden. Was ist ihm wirklich wichtig? Was bewegt ihn? Was hält ihn nachts wach? Welches ist seine Hauptbeschäftigung? Welche Bedenken und Ansprüche hat er?

4. Was sagt und tut der Kunde? Wie ist seine Einstellung? Was sagt er zu anderen? Achten Sie hier auch auf eventuelle Konflikte zwischen dem, was er sagt, und dem, was er wirklich denkt und fühlt. Wie ist sein Erscheinungsbild und wie verhält er sich anderen gegenüber?

5. Wo ist sein Schmerz? Also welche Ängste und Frustrationen macht er durch? Welche Hindernisse stehen zwischen ihm und dem, was er erreichen will?

6. Worin besteht sein Gewinn? Was will (oder muss) er tatsächlich erreichen? Wonach bemisst er seinen Erfolg? Entwickeln Sie hier auch Strategien, die der Kunde zum Erreichen seiner Ziele verwenden könnte.

Erstellen Sie nun eine Empathie-Karte nach der folgende Vorlage in Abbildung 16.

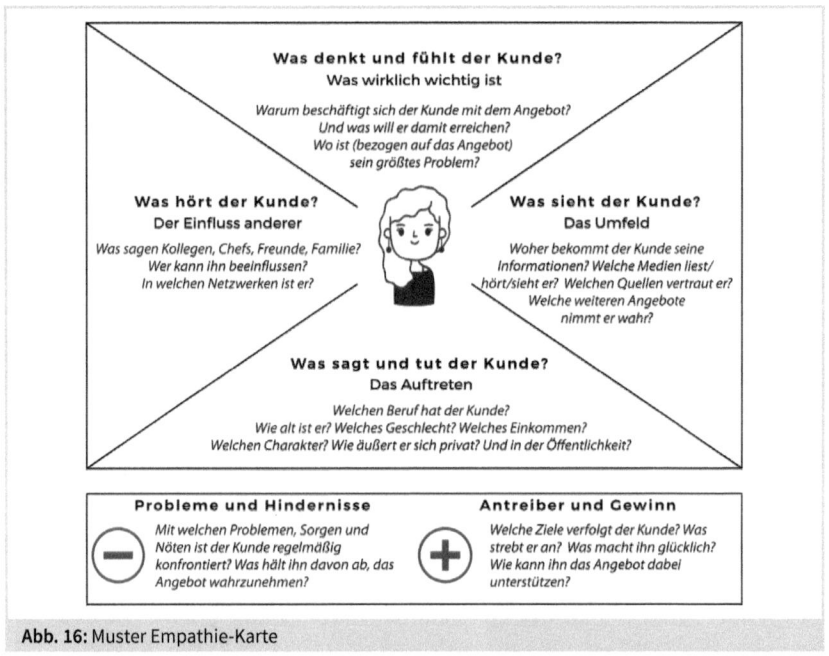

Abb. 16: Muster Empathie-Karte

Rund um das Profil werden vier Felder eingezeichnet mit den Fragen: Was sieht der Kunde? Was sagt und tut der Kunde? Was hört der Kunde? Was denkt und fühlt der Kunde? Unter der Person ergänzen zwei weitere Felder das Gesamtbild: Probleme und Hindernisse, Antreiber und Gewinn. Beginnen Sie nun damit, diese Person in eine bestimmte Situation zu versetzen, sodass sie z. B. fragt: »Warum soll ich das Angebot kaufen?« Nach und nach werden nun alle Bereiche ausgefüllt. Und genau dafür ist es unerlässlich, sich in die Person des Kunden hineinzuversetzen und sogar seine Sprache zu übernehmen. Es geht darum, dieser Person so nahe wie möglich zu kommen, um möglichst viele greifbare und sensorische Eindrücke zu dokumentieren. Also: Was denken, fühlen, sagen, tun und hören Sie? Ziel ist, diesen einen Kunden wirklich zu verstehen und sich in ihn hineinzuversetzen, damit Sie künftig ein besseres Angebot entwerfen können. Je mehr Teilnehmer aus dem Unternehmen mitmachen, umso mehr Eindrücke werden Sie sammeln.

Versetzen Sie sich nach und nach in alle drei Personen, die Sie anfangs definiert haben, und erstellen Sie jeweils das komplette Bild (also alle sechs Felder ausfüllen). Sie werden – wie bei den Personas – schnell merken, dass jede dieser Personen anders »tickt«, andere Anforderungen und Themen hat. All das gibt Ihnen Anhaltspunkte, Ihr Angebot zu verbessern. Denken Sie aber bitte auch daran, dass alle Antworten, die Sie gefunden haben, Hypothesen sind, die erst überprüft werden müssen. Erst einmal sind es lediglich Annahmen, bis das Gegenteil bewiesen ist.

Das am meisten verbreitete Problem in der Markenführung ist, dass viele Unternehmen ihre Zielsetzung und Zielgruppen nur zu Beginn des Markenaufbaus definieren und im Laufe der Jahre beides ein wenig aus den Augen verlieren. Langfristig erfolgreiche Unternehmen haben einen regelmäßigen Rhythmus implementiert, in dem sie besonders ihre Ziele und Zielgruppen immer wieder reflektieren und anpassen.

1.5   Storytelling: Geschichten erwecken Marken zum Leben

Alle Menschen lieben Geschichten. Schon in der Kindheit lauschen wir fasziniert gruseligen Geschichten oder Märchen. Im Kopf entstehen beim Zuhören sofort Bilder, die es erleichtern, sich die Geschichte zu merken. Die meisten Geschichten enthalten sogar Informationen, die wir uns ein Leben lang merken. Geschichten **erklären** uns die Welt, geben uns **Orientierung** und fesseln die **Aufmerksamkeit**. Allein das sind schon drei gute Gründe, um dieses Instrument auch für den Markenaufbau zu nutzen.

Storytelling (also Geschichten erzählen) bedeutet im Marketing nichts anderes, als dass neutrale Produkte, Informationen und Marken mit einem Sinn hinterlegt werden und bei der Zielgruppe (positive) Emotionen erzeugen sollen. Durch Storytelling werden Marken lebendig und Unternehmen erhalten ein Gesicht. Geschichten haben zwei Aspekte, die beim Markenaufbau wichtig sind:

1. Mit Geschichten werden bei der Zielgruppe Emotionen angesprochen und freigesetzt.
2. Geschichten ermöglichen einen nachhaltigen Lerneffekt, da sie für unser Gehirn besser merkbar sind als reine Informationen.

Entgegen allen Behauptungen kaufen Konsumenten keine Produkte aus rein rationalen Gründen. Viele Studien beweisen, dass Emotionen bei einer Kaufentscheidung wichtig, wenn nicht sogar ausschlaggebend sind. In der »Studie zur Messung und Wirkung von Markenemotionen« von Dr. Thorsten Möll wurden unbekannte Marken, bekannte neutrale Marken und bekannte emotionale Marken gegenübergestellt.[21] Die Ergebnisse waren eindeutig:

- Die meisten Entscheidungen für den Kauf eines Produkts werden im Unterbewusstsein getroffen.
- Den größten Einfluss auf das Unterbewusstsein hat nicht die Ratio, sondern die Emotion.
- Statt bei jedem Kauf einen langen Prozess der Informationsbeschaffung einzuleiten, entscheiden Konsumenten (deutlich schneller) auf Basis von Emotionen.
- Marken, die einen emotionalen Zusatznutzen erzeugen, heben sich eindeutig von gleichwertigen Konkurrenzprodukten ab.

Laut dieser Studie werden bei starken Marken die Gehirnregionen aktiviert, die für positive Emotionen zuständig sind. Unbekannte oder schwache Marken hingegen aktivieren die Region im Gehirn, die für die Verarbeitung von *negativen* Emotionen zuständig ist.

---

21 http://www.gem-online.de/pdf/foren/Charts_Moell.pdf

Das Ziel von Storytelling ist also, eine Marke mit positiven Emotionen zu verknüpfen und damit eine Verbindung zwischen dem Konsumenten und der Marke (und übrigens auch zwischen Mitarbeitern und Marke) zu schaffen. Die Forschung bestätigt zudem, dass sich erfolgreiche Marken von ihren Mitbewerbern vor allem wegen der emotionalen Bedeutung für den Konsumenten unterscheiden.

1.5.1   Mit Storytelling überzeugen

Ob im B2B- oder im B2C-Bereich: Mit Storytelling kann man komplexe Systeme oder komplizierte Funktionen einfach, nachvollziehbar, verständlich und vor allem merkfähig darstellen. Wissenschaftliche Erkenntnisse aus der Neurologie und aus der narrativen Psychologie beweisen, dass der Mensch sein Umfeld über Geschichten definiert und versucht, alle Eindrücke in eine Art Geschichte einzubinden, um ihnen einen Sinn und Zusammenhang zu geben. Durch diesen Sinn und den gefundenen Zusammenhang (zwischen Ursache und Wirkung) werden Handlungsaufforderungen nachvollziehbar und glaubwürdig.

Durch Geschichten erhalten eigentlich seelenlose Unternehmen und Produkte eine Art Leben, das die Aufmerksamkeit der Konsumenten weckt und bindet. Wer seine Marke, sein Angebot oder sein Unternehmen dramaturgisch aufbereitet, kann damit seine Botschaft nachhaltig kommunizieren. Geschichten sind also dazu geeignet, Antworten auf relevante Fragen der Zielgruppe zu geben. Fragen wie »Was unterscheidet das Produkt von anderen Angeboten?« oder »Wie verwende ich das Produkt richtig?« oder »Warum brauche ich dieses Produkt?«. Unternehmen, die diese Fragen nicht beantworten können, werden sich mit dem Verkauf schwer tun.

Geschichten können aus Worten und Bildern (Illustrationen) bestehen. Aber auch Worte allein können sich zu Bildern wandeln.

Eine kurze Geschichte: »Er ging in den Laden. Markus starb. Sabine war hungrig und weinte. Was war passiert?« Drei einfache Sätze, die sofort einen Film in unserem Kopf laufen lassen. Ist Markus (im zweiten Satz) »Er« aus dem ersten Satz? Hat Sabine etwas mit Markus zu tun? Weint sie, weil Markus tot ist? Ging Markus in den Laden, um Sabine etwas zu essen zu kaufen? Diese kleine Übung stammt aus Kendall

Havens Buch »Story Proof: The Science Behind the Startling Power of Story«.[22] Sie zeigt, wie unser Gehirn automatisch versucht, Geschichten sogar aus einer Serie von Sätzen zu bilden, auch wenn diese im ersten Anschein nichts miteinander zu tun haben. Warum ist das so?

- Weil unser Gehirn immer nach einer Bedeutung und einem Sinn sucht – bewusst oder unbewusst.
- Weil unser Gehirn automatisch nach dem Prinzip »Ursache-Wirkung« funktioniert. Findet es kein »Ursache-Wirkungs-Prinzip«, werden Informationen ignoriert.

Geschichten haben eine Macht, der man sich nicht entziehen kann. Verbindet man die Geschichte zudem noch mit Bildern, dann können sie Information *und* Emotion gleichzeitig vermitteln, also die linke und die rechte Gehirnhälfte ansprechen. Und diese Verbindung wiederum bringt die Zuhörer dazu, wirklich zu handeln, also ein Produkt zu kaufen, eine Dienstleistung in Anspruch zu nehmen oder eine Marke im »relevant set of mind« abzuspeichern. Mehr als es jede andere Kommunikationsform kann! Die gleichzeitige Ansprache der rechten und linken Gehirnhälfte ist auch ein Erfolgsgeheimnis von IKEA. Eigentlich hat kein Mensch wirklich Lust, Möbel nach Hause zu schleppen und dort zusammenzubauen. Schauen Sie sich jedoch eine Zusammenbau-Anleitung von IKEA mal genau an: Sie finden dort sowohl rationale Informationen (linke Gehirnhälfte) als auch Illustrationen (rechte Gehirnhälfte). Letztendlich erzählt IKEA auch hier eine Geschichte des Zusammenbaus und reduziert damit sehr deutlich und erfolgreich den Widerwillen, das Möbelstück selbst zusammenzubauen. Mehr noch: Am Ende sind die »Möbelbauer« sogar stolz, dass sie es geschafft haben.

Übrigens: Wie sehr Menschen das Storytelling lieben, kann man auch an dem Mega-Trend der Tattoos sehen. Viele Personen im öffentlichen Leben zieren ihre Haut mit Tattoos, was nichts anderes ist, als eine Geschichte zu erzählen. Geschichten lassen uns hinschauen, aufmerksam werden und können – wenn sie logisch und dramaturgisch gut aufgebaut sind – uns von nahezu allem überzeugen.

---

22   Vgl. Haven, 2007

1.5.2   Storytelling oder Content-Marketing?

Die aktuelle Diskussion im Marketingbereich um das richtige Mittel – Storytelling oder Content-Marketing? – ist wie der heilige Gral: eine Geschichte mit vielen Mythen, die nie endet.

Die Definitionen lauten: Während beim Storytelling kurze Geschichten erzählt werden, werden beim Content-Marketing pure Informationen in möglichst unterhaltsamer Form wiedergegeben. Es gibt hier kein »Entweder-Oder«. Content-Marketing ist der Überbegriff. Oder haben Sie jemals eine professionelle Kommunikation ohne Inhalte gesehen oder gelesen? Unternehmen haben schon immer versucht, Inhalte und Botschaften zu kommunizieren. Sie mögen mehr oder weniger unterhaltsam gewesen sein. Und je nach aktuellem Trend standen mal das Unternehmen, mal das Produkt und mal der Kunde im Mittelpunkt. Aktuell steht wieder der Kunde im Fokus (siehe auch »Customer Journey« im Kapitel 6.1).

Fakt ist: Wir müssen in immer kürzerer Zeit immer mehr Informationen verarbeiten. Und es wird für Unternehmen immer schwieriger, mit ihren Informationen durch diesen Wust durchzudringen. Um das zu schaffen, werden Informationen in Geschichten verpackt. Gute Geschichten

- verleihen einer puren Information Bedeutung und Sinn,
- binden den Menschen ein und lassen ihn mitfühlen und mitdenken,
- bleiben einfacher und länger im Gedächtnis
- und werden öfter weitererzählt oder geteilt.

Und trotzdem gibt es einen entscheidenden Punkt, warum das Thema Content-Marketing versus Storytelling durchaus berechtigt ist: Die Verbraucher sind heute viel aufgeklärter und selbstbestimmter. Alle »Geschichten« (oder Botschaften), die Marken heute erzählen, können und werden umgehend und ausführlich (im Internet) recherchiert. Eine erfundene Story funktioniert heute nicht mehr. Die Zielgruppe möchte nachvollziehbare Informationen und nimmt Unternehmen, Marken und deren Geschichten nur dann ernst, wenn sie sich als Problemlöser und Partner präsentieren. Nicht, wenn sie sich als Märchenerzähler herausstellen.

Was macht also gutes (Marken-)Storytelling aus?
- Die Geschichte ist kurz, relevant, interessant, authentisch und glaubwürdig.
- Die Geschichte ist spannend und stellt den (Kunden-)Nutzen in den Mittelpunkt.

- Die Geschichte findet sofort im Kopf statt und kann im besten Fall sogar weitergesponnen werden.
- Das Wichtigste und Interessanteste steht am Anfang.
- Die Geschichte bietet maximal drei Highlights und endet mit einem kurzen, knackigen Call-to-Action.

1.5.3 Wie findet man die richtige Geschichte?

Geschichten müssen spannend und neu sein, damit sie im Gedächtnis bleiben und im besten Fall sogar weitererzählt oder geteilt werden. Jedes Unternehmen, jede Marke, jedes Produkt kann eine Geschichte erzählen. Die Kunst liegt darin, sie zu finden, freizulegen und dann zu erzählen.

Im Grunde gibt es die folgenden fünf Geschichtstypen innerhalb der Marken- und Marketingkommunikation:
- Die **Geschichte der Herkunft und Tradition**
  Sie erzählt von der Tradition und der Historie des Unternehmens (oder des Produkts) und schafft damit Vertrauen in die Beständigkeit und Qualität. Ein Beispiel dafür ist die blaue Nivea-Dose, die bereits unsere Großmütter gerne verwendet haben.
- Die **Geschichte vom Nutzen**
  Dabei fokussiert man auf den faktischen oder emotionalen Nutzen eines Produkts. Es ist wie eine Art Fallstudie, in der man das Produkt aus unterschiedlichen Blickwinkeln beleuchten kann. Beispiele hierfür sind Produkte mit offensichtlichem Nutzen wie Fahrradhelme, Lieferservice etc.
- Die **Geschichte vom echten Erleben**
  Eine Story über das Erleben des Produkts oder der Dienstleistung mit der einfachen Formel »Problem – Lösung – zufriedener Kunde«. Diese Version wird sehr gerne von Waschmittelherstellern genutzt: Fleck im Kleid, Waschmittel nehmen, glückliche Familie.
- Die **Geschichte über die Differenzierung**
  Sie ist nicht immer ganz einfach zu finden, aber die Suche lohnt sich! Sie erzählt davon, was das Unternehmen wirklich anders macht als alle anderen oder was das Produkt wirklich von vergleichbaren Produkten unterscheidet. Ein Beispiel dafür ist die Firma Trigema und ihre 100-prozentige Produktion in Deutschland.

- Die **Geschichte der Marke**
  Sie ist quasi die Mutter aller Geschichten. Herkunft, Tradition, Nutzen, Besonderheit und Erleben werden darin erzählt. Im Idealfall ist diese Geschichte Emotion pur. Einige Biersorten verwenden diese Form von Geschichten: Entspannte Menschen erleben gemeinsam einen wunderbaren Tag und trinken dann das Getränk, das bereits seit x Jahren mit besonderem Quellwasser gebraut wird.

1.5.4 So erzählen Sie eine gute Story über Ihr Unternehmen

Haben Sie für Ihr Unternehmen oder Ihr Angebot (im Idealfall sogar für beide) eine Geschichte gefunden, dann geht es um die Kunst des richtigen Erzählens. Natürlich passend für Ihre Zielgruppe und im richtigen Stil und Ausdruck für Ihr Unternehmen. Hier ein paar Hinweise, wie man gute Markengeschichten erzählt:

1. Achten Sie auf die Relevanz und den Nutzen für den Kunden. Wenn Sie eine Geschichte erzählen, wird sich Ihr Gegenüber immer die gleichen Fragen stellen: Was hat das mit mir zu tun? Welchen Nutzen hat die Information (in der Geschichte) für mich? Und: Ist die Geschichte wirklich neu?
2. Nutzen Sie Ihre Markenpositionierung als Ausgangspunkt. Dort finden Sie alle relevanten Werte und Ihre Kernbotschaft. Diese sind unbedingte Bestandteile Ihrer Geschichte.
3. »Start with the end in mind«, d. h., überlegen Sie, welche strategischen Unternehmensziele Sie mit Ihrer Geschichte erreichen wollen, und binden Sie diese (zumindest gedanklich) in die Geschichte ein. Sie wollen ja die Geschichte nicht nur zur Unterhaltung Ihrer Kunden erzählen, sondern verfolgen selbstverständlich ein konkretes Ziel damit.
4. Seien Sie flexibel. Nicht jeder Mensch ist gleich. Auch Ihre Zielgruppe differiert. Passen Sie daher die Inhalte Ihrer Geschichte, den Nutzen, die Kernbotschaft an die jeweiligen Zielgruppen an. Denken Sie an die Frage, die sich Ihr Gegenüber immer stellt: Was hat das mit mir zu tun? Nutzen Sie dafür auch die Personas oder die Empathie-Karten, die Sie bereits entwickelt haben.
5. Erstellen Sie für Ihre Geschichte ein Skript. Also: Wer ist der Held (jede Geschichte braucht einen Helden und der Held ist natürlich immer ein Kunde), welches ist das Problem, wer kann wie helfen (natürlich Sie mit Ihrem Produkt oder Ihrer Dienstleistung) und wie steht der Held am Ende da? Nutzen Sie dafür auch die unterschiedlichen Geschichtstypen.

6. Passen Sie die Geschichte an die unterschiedlichen Kommunikationskanäle an. Jeder Kanal hat seine eigenen Erfolgskriterien, wie Textlänge, Erscheinungszeitpunkt, Bilder, Sprachstil etc. Bilder und Visualisierungen transportieren Informationen wesentlich schneller als Worte.
7. Testen Sie Ihre Geschichte final unter den folgenden Aspekten:
   - Ist sie leicht zu verstehen?
   - Erzeugt sie Bilder im Kopf?
   - Ist sie emotional?
   - Passt die Geschichte wirklich zu Ihrem Unternehmen (Stichwort Authentizität)?
   - Hat sie einen Nutzen für die Zielgruppe?
   - Ist sie unterhaltsam und spannend gleichzeitig?
   - Unterstützt sie Ihre Positionierung und Unternehmensziele?
   - Und zum guten Schluss: Hat sie einen Call-to-Action?

Jede Marke, jedes Produkt, jedes Unternehmen hat eine Story, die es lohnt, erzählt zu werden. Sie haben jetzt Ihre Story entwickelt. Nun erzählen Sie sie Ihrer Zielgruppe und der Welt über Ihre Kommunikationskanäle.

1.6 Brand und Corporate Purpose

Der Begriff »Corporate Purpose« kursiert seit einiger Zeit durch alle Medien. Frei übersetzt handelt es sich um den »Sinn und Zweck eines Unternehmens«. Dass ein Unternehmen also mit seinen Angeboten und Marken (oder auch als Unternehmen selbst) Handlungen vornimmt, um damit etwas Bestimmtes zu erreichen. Anders gesagt: Was treibt das Unternehmen an? Dabei geht es nicht um Gewinnmaximierung oder Marktführerschaft. Man erwartet heute von Unternehmen, dass sie höhere Ziele verfolgen und damit ihren Beitrag zur Gesellschaft leisten. Und das Gleiche erwartet man von Marken. Übrigens ist auch das ein sehr guter Ansatz für Storytelling.

Die Gesellschaft befindet sich in einem stetigen Wandel. Genauso wie die Werte und das Bewusstsein füreinander und für die Umwelt. Heute wollen die Konsumenten wissen, welches Unternehmen hinter einer Marke oder einem Angebot steht und was es für die Gesellschaft und die Umwelt tut. Je klarer dieser Sinn und die höheren Ziele kommuniziert werden, desto mehr steigt die Akzeptanz bei den Konsumenten.

Das zumindest legt eine Studie von Ernst & Young nahe, die zeigt, dass Unternehmen mit »Purpose« um 42 Prozent bessere Finanzergebnisse ausweisen als der Durchschnitt.[23]

Sorgfalt, Verantwortung und Achtsamkeit im Umgang mit Menschen und Natur ist, was die aufgeklärten Konsumenten von heute fordern. So hinterfragen immer mehr Verbraucher, in welchem Land und von welchen Arbeitern Produkte produziert werden. Auch der ökologische Footprint (CO_2-Bilanz) eines Produkts kann heute über das Absatzvolumen entscheiden. Für ein Unternehmen und seine Marke bedeutet es, dass es nicht mehr nur eine ökonomische, sondern auch eine ökologische und soziale Bilanz vorzeigen muss. Es geht um den Sinn der Existenz eines Unternehmens oder einer Marke. Welche Philosophie steckt dahinter? Wie kann und soll die Welt damit verbessert oder verändert werden? Wenn ein Unternehmen sich selbst und seiner Marke einen glaubhaften **Sinn** gibt, steigert es die Anziehungskraft und sichert das Überleben. »Globale Marktführerschaft« oder »Technologie-Vorreiter« sind out, da sie lediglich das Unternehmen in den Vordergrund stellen, nicht aber den Menschen an sich oder die Umwelt.

Google zum Beispiel sieht sich nicht als Suchmaschine, sondern möchte »mit nur einem Klick die Informationen der Welt zur Verfügung stellen« (siehe Kapitel 1.4.1). Das zeigt, dass es nicht mehr darum geht, wer das Unternehmen ist oder was es anbietet, sondern um das **Wofür** und den Beitrag, den es der Gesellschaft bringt.

Tipps, um den Purpose für die Marke (oder das Unternehmen) zu finden:
- Beantworten Sie folgende Fragen: »Welche Probleme der Welt kann die Marke lindern oder lösen?«, »Welche Werte der Zielgruppe kann die Marke unterstützen?« und »Für welche Überzeugungen steht das Unternehmen?«.
- Ein Purpose muss authentisch sein, damit er glaubwürdig ist.
- Ein Purpose muss klar und einfach formuliert sein, also nicht abstrakt und abgehoben.
- Ein Purpose muss zukunftsweisend sein und auf die Lösung eines gesellschaftlichen, sozialen oder ökologischen Problems hinweisen.

---

23   https://www.ey.com/Publication/vwLUAssets/ey-purpose-driven-leadership/$File/ey-purpose-driven-leadership.pdf

Nutzen Sie die Chance und definieren Sie für Ihre Marke einen höheren (und damit tieferen) Sinn. Wenn das Wofür glasklar kommuniziert wird, kann eine Marke zu einem Leuchtturm werden, der Konsumenten und auch Mitarbeitern eine starke Orientierung gibt.

1.7 Am Ende läuft's: der Elevator Pitch

Der berühmte Elevator Pitch: Sie steigen in einen Aufzug, in dem sich bereits eine andere Person befindet. Sie haben nun vier Stockwerke Zeit, um diese Person von Ihrer Marke und Ihrem Angebot zu überzeugen. Das entspricht etwa 30 Sekunden. Um Ihr Gegenüber zu überzeugen, sollten Sie möglichst wenig »Ähs« und »Ähms« verwenden, also fließend sprechen und eine gute Story bereit haben.

Andererseits: Wie oft kommt man schon in die Verlegenheit, seine Idee in nur 30 Sekunden zu präsentieren? Meist hat man doch eher mindestens 30 Minuten, oder? Schon, aber: Der Kern, der Grundgedanke oder der USP müssen in 30 Sekunden beim Zuhörer ankommen. Übrigens: Für eine Website haben Sie sogar nur drei Sekunden für einen ersten Eindruck, aber dazu später mehr. Wenn Sie mehr Zeit haben und Ihr Gegenüber in 30 Sekunden überzeugt haben, dann können Sie die restliche Zeit für Beispiele, Kundenstimmen, Vorführungen, Bilder, Charts oder einfach Smalltalk nutzen.

Im Rahmen meiner Tätigkeit als Global Head of Brand Management hatte ich die Gelegenheit, den Agenturchef einer sehr bekannten Werbeagentur bei einer Präsentation im Rahmen eines Agenturpitchs zu erleben. Sein Eingangs-Statement ging ungefähr so: »Geben Sie mir fünf Minuten (jede Agentur hatte eigentlich zwei Stunden Präsentationszeit). Wenn ich Sie dann überzeugt habe, können wir weitermachen. Wenn nicht, dann sparen wir uns allen die Zeit und ich breche ab.« Und er zog es durch. Letztendlich hat er sogar den Pitch gewonnen und die Kampagne begleitete uns fünf Jahre. Das war nichts anderes als ein längerer Elevator Pitch.

Alles, was Sie dazu benötigen, haben Sie bereits erarbeitet:

Ihre Stärken, Ihren USP, Ihren Purpose, Ihre Geschichte und wie Sie diese interessant gestalten können. Schreiben Sie am Anfang Ihren Elevator Pitch auf und üben und verfeinern Sie ihn so lange, bis Sie Ihre natürliche Sprache und Ihren persönlichen

Stil gefunden haben. Arbeiten Sie kontinuierlich an Ihrem Elevator Pitch. Machen Sie ihn so knapp, aussagekräftig, glaubwürdig, überzeugend und authentisch wie möglich. Verfeinern Sie ihn immer wieder und proben Sie ihn so oft wie möglich. Mit Mitarbeitern, mit Freunden und Bekannten. Und zu guter Letzt natürlich in einem Aufzug. Ein Pitch muss überzeugen.

Nehmen Sie den Elevator Pitch auch mit einer Kamera oder Ihrem Smartphone auf. Überprüfen Sie Ihre Körperhaltung, Ihren Gesichtsausdruck und, ganz wichtig, auch Ihre Gestik. Würden Sie sich selbst überzeugen? Haben Sie Ihr eigenes Interesse für mehr geweckt?

Üben Sie den Elevator Pitch so oft wie möglich. Überprüfen Sie ihn regelmäßig – mindestens alle sechs Monate. Ist er noch aktuell? Gibt es Neuerungen?

Denken Sie daran: Jeder Mitarbeiter ist ein (Marken-)Botschafter. Jeder! Egal in welcher Abteilung er sitzt und welche Aufgaben er hat. Deshalb ist es wichtig, dass auch jeder Mitarbeiter den Elevator Pitch beherrscht – in seinen eigenen Worten, in seiner eigenen Sprache.

Übrigens spielt es keine Rolle, ob Sie gerade ein eigenes kleines Unternehmen aufbauen, in einem etablierten Friseursalon, einer mittelständischen Agentur oder in einem weltweit bekannten Konzern arbeiten, B2C- oder B2B-Kunden haben. Es kann Ihnen (und Ihren Mitarbeitern) jederzeit und an jedem Ort passieren, dass Sie jemanden treffen, der Ihr Unternehmen nicht kennt oder – noch schlimmer – ein falsches Bild von dem Unternehmen hat. Machen Sie es sich (und allen Mitarbeitern) zur Aufgabe, diesen Menschen von Ihrem Unternehmen und Ihrer Marke zu überzeugen.

1.7.1   Was macht einen guten Elevator Pitch aus?

Die klassische Einstiegsfrage des Gegenübers lautet meist:»Was machen Sie so?« Das Ziel der Antwort (also des Elevator Pitch) hängt von der jeweiligen Situation und dem Gegenüber ab. So kann z. B. bei einer Veranstaltung Ihr Ziel sein, das Produkt direkt zu verkaufen. Oder bei einem Meeting das Interesse von potenziellen Investoren zu wecken. Oder bei einem zufälligen Kennenlernen eine strategische Partnerschaft anzubahnen. Sie haben also ungefähr 30 Sekunden Zeit und damit etwa 75 bis 100 Wörter.

Ein Elevator Pitch funktioniert wie eine Geschichte: Es gibt einen Anfang, einen Hauptteil und einen Schluss.

1. Mit einem guten **Anfang** erregen Sie bereits Aufmerksamkeit. Inhalte können sein: Wer sind Sie? Wie heißt Ihr Unternehmen? Welche Position haben Sie im Unternehmen? Was bieten Sie an?
2. Der **Hauptteil** ist die Problemlösung beziehungsweise Ihr USP. Also: Welche Zielgruppe sprechen Sie an und welches Problem (oder welche Vorlieben) der Zielgruppe lösen Sie wie? Was gewinnt Ihr Kunde, wenn er Ihre Leistungen in Anspruch nimmt? Was können Sie besser als Ihre Mitbewerber? Es muss klar werden, dass der Markt und der Kunde Ihr Angebot brauchen.
3. Der **Abschluss** ist selbstverständlich der Appell (Call-to-Action). Denn was nutzt der beste Pitch, wenn Sie danach – wie bei einer Theateraufführung – (hoffentlich) Applaus ernten und mit einer Verbeugung von der Bühne gehen? Nutzen Sie das gewonnene Interesse und setzen Sie es – je nach Publikum – in eine Aktion um. Das kann eine Vernetzung über die (beruflichen) Social Media sein, eine Produktprobe, ein Weitersagen, zumindest jedoch die Übergabe Ihrer Visitenkarte, um weiter in Kontakt zu bleiben und für Nachfragen zur Verfügung zu stehen.

Wie genau Sie den Elevator Pitch inhaltlich und strukturell aufbauen, liegt an Ihnen. Bleiben Sie Ihrem Stil treu und seien Sie kreativ. Auch eine Geschichte mit dem Start »Es war einmal ...« ist möglich. Alles ist erlaubt, solange Sie das Interesse Ihres Publikums wecken und aufrechterhalten.

1.7.2   Acht Tipps für einen gelungenen Elevator Pitch

75 bis 100 Wörter. Mehr haben Sie nicht und sollten auch nicht mehr nutzen. Wenn Ihnen das zu wenig Worte sind, dann stellen Sie sich die folgenden beiden Fragen: »Was müssen Ihre (potenziellen) Kunden wirklich wissen?« Und »Wenn Sie nur eine Information übermitteln könnten, welche wäre das?«

Und hier noch die wichtigsten Tipps:
1. Starten Sie mit einem starken Einstieg.
2. Formulieren Sie klar und verständlich, priorisiert, merkfähig und interessant.
3. Heben Sie das Besondere hervor.
4. Drücken Sie sich verständlich, aber auch authentisch aus.
5. Lassen Sie Ihre eigene Begeisterung spüren.

6. Verzichten Sie auf Monologe: Machen Sie zwischendurch ein bis zwei Sekunden Pause, um Ihrem Gegenüber die Chance für Zwischenfragen zu geben. Oder das Gesagte erst einmal zu verdauen.
7. Stay in touch: Tauschen Sie Kontaktdaten aus.
8. Enden Sie mit einem starken Abschluss: einem Call-to-Action.

Noch ein letzter Hinweis: Überlegen Sie sich im Vorfeld, welche Einwände kommen könnten und wie Sie diese entkräften könnten. Das jedoch binden Sie bitte nicht in Ihren Pitch ein – getreu dem Motto »Haben Sie noch ein Problem? Ich hätte noch eine Lösung«. Damit würden Sie den Erfolg Ihres Elevator Pitch kontaminieren.

Damit sind wir auch schon am Ende der theoretischen Grundlagen für Ihre Marke. Im nächsten Kapitel stehen Optik und Wirkung im Fokus.

2 Das Gesicht der Marke

Das GESICHT einer Marke? Was soll das sein? Sie wissen jetzt schon, dass ich am liebsten mit dem Personenmodell arbeite. Das Gesicht einer Person ist das, was wir als Erstes wahrnehmen, wenn wir einem (neuen) Menschen begegnen. Egal ob die Person männlich oder weiblich ist.

Das Gesicht verrät uns viel über unser Gegenüber und lässt uns in Millisekunden eine erste Einschätzung und – in diesem Fall ganz wichtig – Wertung erstellen. Details, z. B. Abstand der Augen, Größe der Nase, Fülle der Lippen, Länge des Barts, entscheiden darüber, ob wir die Person sympathisch, vertrauensvoll, lustig etc. finden. Dabei gibt es allgemeingültige Kriterien, z. B. die Symmetrie eines Gesichts (Sie kennen sicher die zahlreichen Studien über das »optimale, schöne« Gesicht), aber auch ganz individuelle Vorlieben wie z. B. lange Haare.

Das alles sind Details. Wichtige Details. Und genau solche Details in der Optik entscheiden über den Erfolg einer Marke. Natürlich gibt es auch beim optischen Auftreten einer Marke allgemeingültige Kriterien und geschmackliche Einschätzungen. Nicht jedem gefällt ein Entwurf, obwohl er alle notwendigen Designkriterien erfüllt. Und nicht jedem sagt die Farbe eines Logos zu.

Während die klassische Werbung für reine Aufmerksamkeit sorgt, erzeugt das Design ein »Das will ich haben«-Gefühl. Mit Design werden die Identität und die Persönlichkeit einer Marke ausgedrückt. Vom Logo bis zur Verpackung und der Gestaltung des Kassenzettels.

Bevor wir nun mit dem Aufbau des Erscheinungsbilds einer Marke beginnen, möchte ich Ihnen noch ein bekanntes Sprichwort ins Gedächtnis rufen: »Es gibt keine zweite Chance für den ersten Eindruck.« Genau das ist der Grund, warum ein sorgfältiger Auswahlprozess beim Design so wichtig ist. Ein »Passt schon« ist keine Option. Meinen Kunden gebe ich immer den Tipp: »Stellen Sie sich vor, Sie nutzen dieses Design die nächsten 20 Jahre. Ist es wirklich so gut?«

Das Design einer Marke ist ein elementarer Teil des ganzheitlichen Markenimages. Junge, hippe Marken werden sich für ein anderes Design entscheiden als traditionelle Unternehmen. Das Design ist der Ausdruck der Persönlichkeit der Marke als

Ganzes. Schon kleine Details, z. B. die Auswahl des Papiers oder eine extravagante Drucktechnik oder ein außergewöhnliches Format, machen den Unterschied. Design ist die visuelle Strategie für eine Marke.

2.1 Das große ABCD: vom Corporate Design bis zum Webdesign

2.1.1 Das ewige Missverständnis: CI oder CD?

Oft werde ich von Kunden angesprochen, dass »das CI« geändert oder angepasst werden muss. Oder dass eine Gestaltung nicht »zur CI« passt. Gemeint ist dann meist, dass es Gestaltungsmerkmale gibt, die bisher noch nicht definiert wurden. Und damit ist dann das CD (Corporate Design) gemeint. Das CD ist ein Bestandteil der CI (Corporate Identity), aber eben nur einer von vieren. Zur Erläuterung gibt Abbildung 17 einen kurzen Überblick.

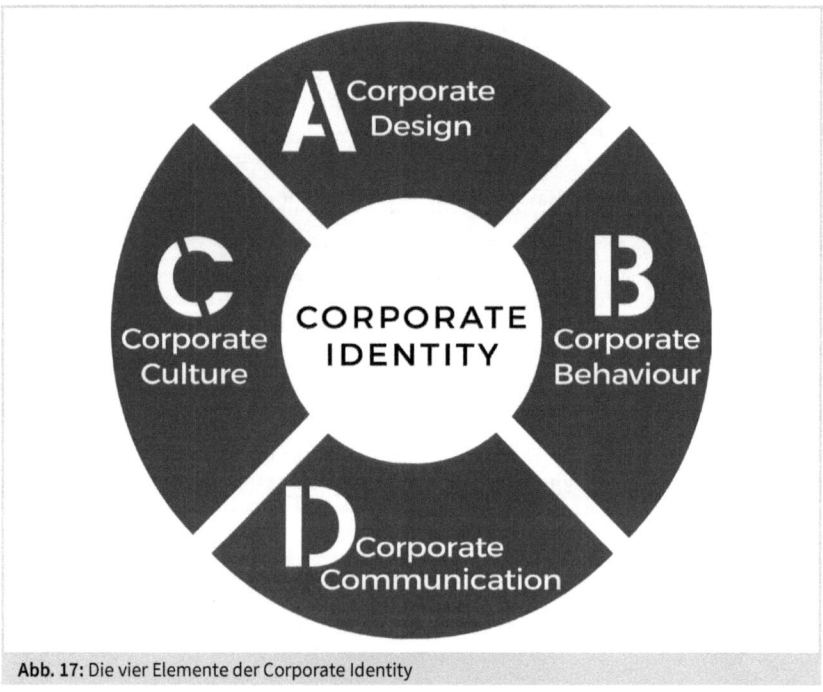

Abb. 17: Die vier Elemente der Corporate Identity

Die Corporate Identity, also die Identität eines Unternehmens, umfasst alle Merkmale, die ein Unternehmen kennzeichnen und dazu beitragen, dass es sich von anderen Unternehmen unterscheidet.

Sie ist die Summe aus vier Teilen:

A) Corporate Design: Darin sind alle grafischen Gestaltungsmerkmale enthalten, die eine einheitliche Darstellung des Unternehmens ausmachen und gewährleisten. Dazu gehören das Logo, die Farben, die Schriften, die Bilderwelten, die Gestaltungsraster für alle Werbemittel und die räumliche, optische Präsentation auf Messen, in Verkaufs- und Büroräumen.

B) Corporate Behaviour: Darunter versteht man die Verhaltensweisen eines Unternehmens, die zum Erreichen der Unternehmensziele definiert wurden. Dabei geht es um den Führungsstil, das Verhalten der Mitarbeiter untereinander und das Verhalten gegenüber Kunden, Geschäftspartnern und Dienstleistern.

C) Corporate Culture: Sie beschreibt die unternehmensinterne Kommunikation und Verhaltensweisen. Und damit auch alle Werte, das Leitbild, die Philosophie und die Überzeugungen, die den Stil des Unternehmens begründen.

D) Corporate Communication: Die Unternehmenskommunikation umfasst alle internen und externen Kommunikationsmaßnahmen und -kanäle, die dazu dienen, ein einheitliches Erscheinungsbild zu gewährleisten und das angestrebte Image zu stärken.

Alles, was dann von einem externen Betrachter wahrgenommen wird, also die Summe aller Teile, ist das Corporate Image.

Beginnen wir mit dem Corporate Design.

2.2   Das Corporate Design

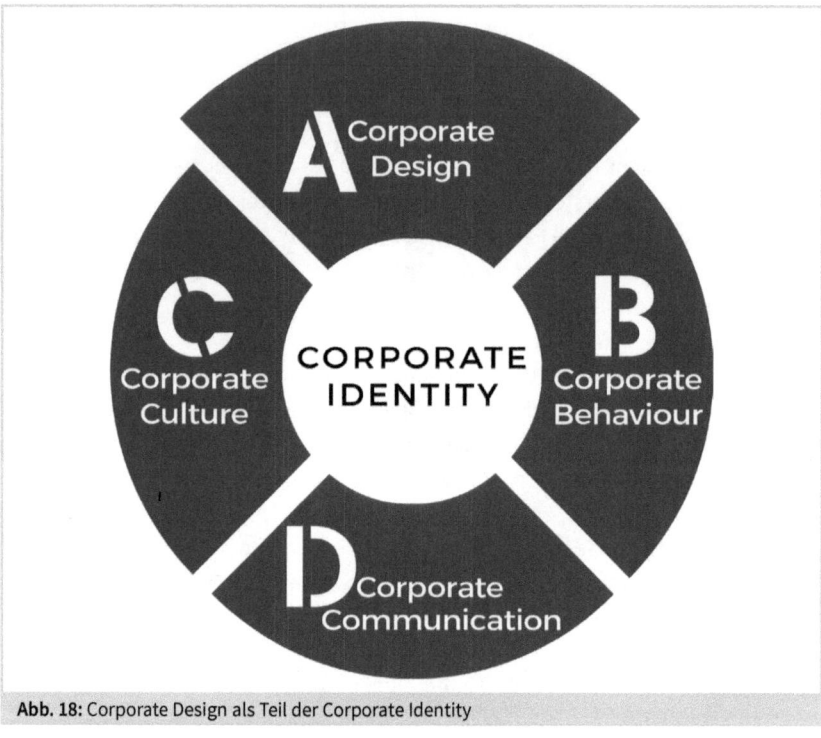

Abb. 18: Corporate Design als Teil der Corporate Identity

Das Corporate Design umfasst alle grafischen Gestaltungsmerkmale, die notwendig sind, um das Unternehmen und die Marke gemäß dem gewünschten Image nach innen und außen zu präsentieren.

Mit der Entwicklung des Corporate Designs beginnt quasi die Karriere der Marke. Die Basis der Markenkarriere wurde bereits mit der Positionierung festgelegt. Alles, was dort entwickelt und definiert wurde, kommt jetzt beim CD zur Entfaltung.

Der Grundstein und Ausgangspunkt eines CDs ist das Logo. Ist das Logo verabschiedet, so ergeben sich die weiteren notwendigen Corporate-Design-Elemente fast wie von selbst. Für mich ist das jedes Mal ein wenig wie eine Dominosteinreihe, in der die nachfolgenden Steine wie von Zauberhand umfallen und ein komplettes Bild erge-ben. Das sorgfältige und präzise Aufstellen der Dominosteine entspricht der Erstellung der Markenpositionierung. Kennt man die Markenwerte des Unternehmens, so ist z. B. die Auswahl eines Kundengeschenks zu Weihnachten nahezu ein Kinderspiel.

»Das Ganze ist mehr als die Summe seiner Teile.« Dieses Zitat wird Aristoteles zugeschrieben. Was ist hier damit gemeint? Es sind nicht nur die Augen, die einzelne Schriften, Farben und Formen wahrnehmen. Oder nur die Ohren, die Töne (Jingles) hören. Oder allein die Hände, die ein bestimmtes Papier (z. B. von Prospekten) fühlen. Es geht um das ganzheitliche Erleben, aus dem das Gehirn eine komplette Wahrnehmung konstruiert und das Gesehene, Gehörte, Gefühlte mit Emotionen, Erfahrungen und natürlich kulturellen Prägungen versieht. Es ist das Bestreben unseres Gehirns, die einzelnen Teile in eine Beziehung zueinander zu setzen und diese dann mit Werten und Emotionen zu hinterlegen. Aus all diesen (manchmal winzigen und scheinbar unwichtigen) Details entsteht das Image einer Marke.

Leider gibt es immer noch zu viele Unternehmen, die sich nicht bewusst sind, dass jedes Designdetail auf die Marke einzahlt – oder eben auch nicht. Noch viel zu oft höre ich den Satz: »Der Inhalt ist doch wichtiger als das Design.« Das stimmt. Zum Teil. Das schönste Design ist nichts wert, wenn der Inhalt falsch oder Unsinn ist. Doch der beste Inhalt kann auch wertlos werden, wenn das Design nicht passt. Stellen Sie sich einfach mal vor, welchen Eindruck Sie bei Zuhörern erwecken würden, wenn Sie wichtige Neuerungen aus Ihrem Unternehmen präsentieren – im Design Ihres stärksten Mitbewerbers. Das Ergebnis wäre Verwirrung bei Ihren Zuhörern. Verwirrung bedeutet immer Zweifel, Zögern bis hin zur unterstellten Inkompetenz. So werden Sie Ihre Zielgruppe nicht überzeugen können. Deshalb ist jedes Detail wichtig und sollte – passend zur Positionierung – nicht dem Zufall oder der spontanen Kreativität einzelner Mitarbeiter überlassen werden.

Beginnen wir also mit dem Logo.

2.2.1 Logo ist klar, oder?

Vor allem kleinere Unternehmen kommen oftmals auf mich zu und brauchen »nur eine Website« oder »nur eine Visitenkarte«. Ein Logo? »Das brauchen wir nicht. Der Name ist ja klar.« So oder so ähnlich beginnen die ersten Unterhaltungen. Und erst im Laufe des Gesprächs wird klar, dass ein Logo unumgänglich ist. Ein Logo ist die bewusste Gestaltung des Unternehmens- oder Produktnamens und dient der eindeutigen (optischen) Darstellung. Das Logo wirkt wie ein optischer Anker, der auf allen Werbemitteln und auf allen Kommunikationswegen als Merkmal der Wiedererkennung eingesetzt wird – besser gesagt: eingesetzt werden muss.

Oder noch anders gesagt: Allein das Logo hat die Kraft, Ihrem Interessenten innerhalb einer Sekunde einen ersten Eindruck von Ihrem Unternehmen und Ihrem Angebot zu vermitteln. Wie dieser Eindruck sein soll, haben Sie bereits in der Markenpositionierung festgelegt: Welche Markenwerte sollen vermittelt werden? Welchen Kundennutzen soll die Zielgruppe erspüren? Passt das Logo auch zu den Kernkompetenzen? Bitte denken Sie daran: Sie haben nur eine Sekunde Zeit, um einen ersten Eindruck zu erwecken. Ist aus einem zufälligen Interessenten bereits ein Kunde geworden, so genügt diesem sogar ein einziger Wimpernschlag, um zu erkennen, dass es sich um Ihr Unternehmen handelt. Deshalb ist ein gutes Logo die beste Basis für das Erscheinungsbild einer Marke.

Welche Elemente soll das Logo enthalten? Ist es eine reine Wortmarke, also ein stilisiertes, rein typografisches Logo ohne Symbol oder Signet? Oder eine Wort-Bild-Marke, also eine Gruppierung mehrerer Elemente wie z. B. Schrift, Symbol und Claim?

Sie merken schon: Der Start für die visuelle Strategie ist das Logo. Um das Logo zu entwickeln, müssen die richtigen Fragen gestellt werden. Fragen wie:
- Wie soll das Logo wirken? Konservativ oder modern? Dynamisch, jugendlich, stabil?
- Für welche Zielgruppe soll das Design entwickelt werden und was präferiert die Zielgruppe?
- Wie sieht die Konkurrenz aus und wie kann man sich davon abheben?

All diese Fragen haben Sie bereits in der Markenpositionierung beantwortet. Nun kommt es auf den Fokus an: Manche Logos symbolisieren das Produkt, z. B. einen Kaffeebecher. Andere Logos erzählen etwas von der Geschichte des Unternehmens,

z. B. das Apple-Logo, und manche Logos deuten die Vielfalt des Angebots an, z. B. das bunte Google-Logo. Und einige Logos zeigen einfach nur den Namen.

Die Aufgabe eines Logos ist, den Namen, die Werte des Unternehmens und das Angebot (Produkt oder Dienstleistung) auf allen Kanälen kurz, knapp und inspirierend zu transportieren. Bestandteile des Logos können sein: der Name, der Claim, ein Symbol (Bild, Maskottchen, Figur, Objekte wie Linie, Kreis, Vielecke) oder auch einzelne grafische Elemente. Egal wofür Sie sich entscheiden: Das Logo muss zum Unternehmen und zum Angebot passen, d. h., es repräsentiert im Gesamteindruck das, wofür Sie stehen. Und es konzentriert sich auf eine (!) Aussage, da es innerhalb von Sekundenbruchteilen funktionieren und wiedererkennbar sein muss. Für die Zielgruppe, für die Öffentlichkeit, für Stakeholder, für Investoren und für alle anderen.

2.2.1.1   Was macht ein gutes Logo aus?

Noch einmal: Ein Logo ist für ein Unternehmen genauso wichtig wie das Gesicht für einen Menschen. Das Gesicht lässt Rückschlüsse zu auf die Persönlichkeit oder den Charakter eines Menschen und ob wir einen Menschen für sympathisch, attraktiv oder vertrauenswürdig halten. Daher ist die Auswahl des Logos so wichtig.

Das Logo ist wie der wichtigste Repräsentant des Unternehmens. Es symbolisiert die Werte und die Vision eines Unternehmens. Im besten Fall liefert es schon erste Assoziationen auf das, was das Unternehmen leistet. Und natürlich ist es auch in allen Medien gut einsetzbar – egal ob schwarz-weiß oder in Farbe, egal ob in XXL oder in XS, egal ob offline oder online. Das Logo muss überzeugen: Kunden, Geschäftspartner und Mitarbeiter. Natürlich entstehen das Bewusstsein und das Image für eine Marke nicht nur aus dem Logo. Denn ein Logo ist nur ein Bestandteil der Identität. Trotzdem ist und bleibt das Logo das zentrale Element.

Auch für die Gestaltung eines Logos gibt es universelle Merkmale und geschmackliche Kriterien. Geschmack ist das, was Ihnen (besser noch: Ihrer Zielgruppe) gefällt. Doch gewisse **universelle Merkmale** sollte jedes Logo enthalten:
1. **Prägnanz:** Stellen Sie sich Ihr Logo in Schwarz-Weiß vor oder nur die Konturen. Ist es prägnant und eindeutig erkennbar? Auch ohne Farben?
2. **Klarheit:** Mit Klarheit meine ich, dass das Logo sowohl im Kleinen als auch im Großen wirken muss. Funktioniert es auf einem Blow-up genauso gut wie auf

einer kleinen Visitenkarte? Ist es also in allen Größen klar erkennbar und ohne Qualitätsverlust einsetzbar? Obwohl es eigentlich eine Selbstverständlichkeit ist, möchte ich hier darauf hinweisen, dass Ihr Logo als Vektordatei vorliegen muss, damit man es stufenlos und verlustfrei in jede beliebige Größe skalieren kann. In meiner Praxis kämpfe ich tatsächlich immer mit dem Logo eines Kunden, das von einem anderen Designer entworfen wurde. Es ist eigentlich ein sehr gutes und schönes Logo, doch ein Teil davon wurde mit einem Kalligrafiepinsel auf Papier gemalt und mit zu geringer Größe eingescannt. Eine Vektorisierung fand nie statt. Und nun ist es jedes Mal ein Kampf, das Logo auf unterschiedlichen Hintergründen in unterschiedlichen Größen ohne Qualitätsverluste darzustellen.

3. **Einzigartigkeit:** Auch hier geht es um die schnellstmögliche Wiedererkennung. Ist das Logo wirklich einzigartig und damit unverwechselbar? Oder gibt es schon ein Logo, das so ähnlich aussieht? Dann sollten Sie den Logo-Entwurf ändern.

4. **Markenidentität:** Das Logo soll die Markenwerte und die Positionierung widerspiegeln. Stellen Sie sich einfach ein sehr kühles, eher »rationales« Logo vor für ein Produkt, für das z. B. Wunscherfüllung steht. Ohne Ihnen hier ein Beispiel zu zeigen, können Sie schon ahnen, dass das nicht passt. Wenn Sie unsicher sind, ob der Logo-Entwurf zu Ihrem Angebot passt, dann machen Sie einen kurzen, schnellen »Flurtest«. Zeigen Sie das Logo fünf Personen, die gerade in Ihrer Nähe sind, und fragen Sie, welche Eigenschaften diese Personen mit dem Logo verbinden.

5. **Einfache Geometrie:** Natürlich können Sie auch den goldenen Schnitt oder die Fibonacci-Zahlen für Ihr Logo-Design zu Rate ziehen. Ein gutes Logo basiert jedoch einfach auf klaren Formen, also einer klaren Geometrie. Verspielte oder verschnörkelte Logos sind nur dann »erlaubt«, wenn es wirklich keine andere Möglichkeit gibt, die Marke und ihre Produkte darzustellen. In meiner Praxis habe ich so einen Fall jedoch noch nicht erlebt.

6. **Zeitlosigkeit:** Wenn ich ein Logo für Kunden designe, sage ich immer: »Können Sie mit diesem Logo erst einmal für den Rest Ihres Lebens leben?« So wichtig aktuelle Trends für die Weiterentwicklung Ihrer Positionierung sind, so unwichtig sind diese Trends bei der Entwicklung eines Logos. Abhängig von Ihrem Werbebudget kann es Jahre dauern, bis Ihr Logo wirklich bekannt ist. Und genau deshalb darf es bei der Entstehung nicht »aktuell trendy« sein. Im Laufe von Jahren

können und werden Sie das Logo vorsichtig und mit Bedacht anpassen. Auch ich habe die Farbe meines Logos immer ein wenig adaptiert. Die Grundform jedoch ist stets unverändert geblieben. Kurz gesagt: Nehmen Sie Trends wahr, aber streben Sie Zeitlosigkeit an.

2.2.1.2   Die Bestandteile eines Logos

Neben allen universellen Merkmalen und geschmacklichen Vorlieben gibt es jedoch zwei Punkte, die ein Logo bedingungslos und ohne Interpretationsspielraum erfüllen muss:

1.   Es entspricht Ihren Markenwerten und
2.   es ist unverwechselbar.

Trotzdem haben Sie selbstverständlich unendlich viele Möglichkeiten, ein Logo zu gestalten. Im Grunde gibt es drei Bestandteile eines Logos: Form, Schrift und Farbe. Welche Logo-Form möchten Sie gestalten? Wird es ein reines Schrift-Logo oder möchten/brauchen Sie ein Symbol?

Hier ein paar Beispiele:

Abb. 19: Logo mit reiner Schrift: WWK Versicherung

Abb. 20: Logo mit Schrift und Symbol: Fashion meets Elegance

Abb. 21: Logo – nur Symbol: Transportunternehmen

Ein Logo repräsentiert das Unternehmen, d. h. entweder

- die Idee oder Geschichte,
- das Angebot (Produkt oder Dienstleistung),
- die Werte,
- den Kundennutzen,

oder man stellt einfach den Namen in den Vordergrund. Dabei sollte man sich auf maximal zwei der genannten Punkte konzentrieren.

Es gibt heute viele Möglichkeiten, ein Logo zu kreieren. Wenn Sie kein gelernter Grafiker sind, rate ich Ihnen davon ab, Ihr Logo selbst zu designen oder selbst anzupassen. Überlassen Sie das besser einem Profi. Auch ich habe mein ursprüngliches Firmen-Logo von einem anderen Designer entwerfen lassen, da ich selbst bei der Gründung nicht die notwendige Objektivität aufbrachte. Natürlich können Sie sich auch online ein Logo für wenig Geld fertig kaufen oder Vorlagen downloaden, die Sie nach Ihren Wünschen adaptieren. Ich persönlich bin kein Fan davon, da diese Logos in den meisten Fällen nicht »einzigartig« sind.

Wenn Sie sich nun für die grundsätzliche Art des Logos (Schrift, Symbol oder eine Mixtur) entschieden haben, lohnt sich der Blick auf die einzelnen Designelemente des Logos.

Die Logo-Schrift: Die Schrift ist ein wesentlicher Bestandteil eines Logos. Es gibt zig-tausend verschiedene Schriften: dicke, dünne, breite, schmale, verspielte, konser-vative, moderne, mit oder ohne Serifen, Handschriften etc. Die Auswahl fällt schwer.

Jede Schrift hat einen eigenen Charakter, einen individuellen Ausdruck und verleiht dem Logo damit ein eigenes Feeling. Die Wahl der Schriftart sagt sogar oft mehr aus als der Inhalt. Im Idealfall unterstreicht sie jedoch den Inhalt und die gewünschte Botschaft.

Egal ob der Fokus des Logos auf einem Namen liegen wird oder auf einem Symbol – die verwendete Schrift sollte die Aussage unterstützen. So tendieren z. B. Logos von Modeunternehmen eher zu eleganten Schriftarten, während z. B. Anwälte vermehrt zu traditionellen Schriften greifen.

Die wichtigsten Kriterien für die Wahl der Logo-Schrift sind:

- **Erkennbarkeit:** Sie haben nur einen Wimpernschlag Zeit, in der Ihr Zielkunde die Schrift im Logo erkennen und lesen kann. Je verschnörkelter die Schrift, desto geringer die Lesbarkeit. Je mehr Großbuchstaben im Logo sind, desto höher ist der innere Lesewiderstand und die Lesebereitschaft sinkt rapide. Soll heißen: Es ist zu anstrengend, das Logo zu entziffern. Deshalb sollte ein Logo, das aus Groß-buchstaben besteht, nicht mehr als fünf Buchstaben beinhalten.
- **Wirkung:** Jede Schrift vermittelt nicht nur Informationen, sondern (und vor allem) auch eine Wirkung. Handschriften wirken »handgemacht«. Im positiven Sinne wie eine Unterschrift, aber im negativen Sinne wie eine Kinderschrift (und damit weniger kompetent). Serifenschriften bieten zwar eine optische Haltelinie, wirken aber oftmals traditionell. Serifenlose Schriften sind leicht lesbar, aber

manchmal auch sehr nüchtern. Hier ein Beispiel zum Wort »Restaurant«. In welches dieser Restaurants würden Sie am liebsten gehen? (Siehe Abb. 22)

Restaurant   Restaurant   

Abb. 22: »Restaurant« in den Schriften Myriad Pro, Lucida Bright und A Charming Font

Bei Grafikdesignern gibt es übrigens noch ein paar weitere Schriftregeln, die ich Ihnen gerne ans Herz legen möchte:

- Verwende maximal zwei unterschiedliche Schriftarten für ein Logo, sonst wirkt es zu unruhig.
- Verwende die Logo-Schriftarten nur ein Mal: im Logo. Das heißt: Für alle anderen Texte bitte eine andere (dazu passende) Schriftart auswählen.
- Je öfter eine Schriftart (innerhalb einer Branche) von Mitbewerbern genutzt wird, desto mehr wird sie mit dieser Branche assoziiert. Und desto eher sollte man nach einer Alternative schauen.

Das Symbol: Wählen Sie das Logo-Symbol mit Bedacht. Was soll es aussagen? Ist es eindeutig? Wenn Sie in mehreren Ländern unterwegs sind: Ist die Bedeutung des Symbols in allen Ländern identisch und positiv (oder zumindest neutral)? Unterstützt das Symbol die gewünschte Aussage des Logos oder erzeugt es Verwirrung?

In einigen Branchen gibt es klassische Symbole. So haben die meisten Zahnärzte einen stilisierten Zahn im Logo. Heilpraktiker hingegen nutzen gerne das Yin-Yang-Symbol. Schuster verwenden einen Schuh oder Schuhleisten in ihrem Logo und Naturunternehmen ein Blatt oder einen Baum. Diese Symbole sind so verinnerlicht, dass es tatsächlich sinnvoll sein kann, sie immer wieder zu verwenden.

!   **Wichtig**

Symbole haben eine eigene Aussage, die der Betrachter unbewusst bewertet. Kreise zum Beispiel werden als emotional beurteilt, Vierecke hingegen wirken eher rational. Geschwungene Formen stehen für Bewegung und Dynamik. Striche indessen wirken eher rational und kühl, aber auch wie ein Statement oder eine Unterstreichung.

Für welches Symbol Sie sich auch immer entscheiden, achten Sie bitte darauf, nicht zu kleinteilig und detailliert zu werden. Je mehr Details Sie in Ihrem Logo haben, desto mehr Fläche benötigen Sie, damit diese Details sichtbar sind. Um das zu überprüfen, stellen Sie sich vor, Sie lassen Ihr Logo auf einen Kugelschreiber drucken. Ist es auch auf dieser kleinen Fläche erkennbar?

Die Logo-Farben: Farbe ist nicht gleich Farbe. Und Rot ist nicht gleich Rot. Farben gibt es in unzähligen Abstufungen und Mischungen. Sie vermitteln jeweils unterschiedliche Emotionen und Eigenschaften. Es gibt diverse Studien, dass Farben die Wahrnehmung der Marke beeinflussen und bestimmte Assoziationen bei der Zielgruppe wachrufen. Um es gleich vorwegzunehmen: Es gibt keine Einheitslösung für die richtige Farbwahl. Vielmehr sollten Farben sparsam und gezielt im Logo eingesetzt werden. Im Idealfall kommt das Logo mit einer Farbe aus. Maximal sollten jedoch drei Farben im Logo verwendet werden: eine Hauptfarbe und bis zu zwei weitere Farben zur Unterstützung oder Verdeutlichung. Eine ausführliche Auseinandersetzung mit der Farbpsychologie finden Sie im Kapitel 2.2.3 »Farben«. Hier jedoch schon ein paar Beispiele für Logo-Farben und ihre Bedeutung. Die gängigsten Logo-Farben sind Rot, Blau, Gelb, Grün und Schwarz. Warum?

Rot signalisiert einerseits Größe und Stärke, ist jedoch gleichzeitig eine Signalfarbe, die Gefahr symbolisieren kann. Bekannte Beispiele für rote Logos sind McDonald's, Adobe, YouTube und Coca-Cola. Hier können Sie auch schon verschiedene Rot-Abstufungen erkennen. Je greller das Rot, desto höher ist die Signalwirkung. Je dunkler das Rot, desto wärmer ist die Wirkung.

Blau hingegen ist die Farbe von Wasser und Himmel. Blau wirkt einerseits kühl und rational, andererseits aber auch beruhigend, stabil und vertrauensvoll. Natürlich haben Farben nichts mit Temperatur zu tun. Trotzdem spricht man von kühlen und warmen Farben. Je höher der Gelb-Anteil einer Farbe, desto wärmer ist die gefühlte Wirkung. Bekannte blaue Logos sind z. B. Facebook, Twitter, PayPal und American Express.

Gelb wiederum ist die Farbe der Sonne und verspricht Fröhlichkeit, Wärme und Positivismus. Aber Vorsicht: Man braucht eine gute Kontrastfarbe zu dem Gelb, damit eine klare Sichtbarkeit und Erkennbarkeit gewährleistet ist. Bekannte Beispiele für gelbe Logos sind IKEA, National Geographic, Nikon und DHL.

Grün steht für Frische, Natur, Harmonie und Einfachheit. Grün signalisiert auch Gelassenheit und Hoffnung. Kein Wunder also, dass gerade Umweltunternehmen auf diese Farbe setzen. Bekannte Beispiele für grüne Logos sind Greenpeace, Land Rover (von Range Rover), Animal Plant und Starbucks Coffee.

Schwarz steht für Eleganz, Würde, Exklusivität und Understatement, aber auch – in unseren Breitengraden – für Tod und Verlust. Genau genommen ist Schwarz eigentlich keine Farbe. Sie entsteht durch vollkommene Absorption des Lichts. Die positiven Assoziationen lassen viele namhafte Unternehmen zu dieser Logo-Farbe greifen. Bekannte Beispiele für schwarze Logos sind Vogue, Apple, Nike und Chanel.

In der Realität besteht ein Logo tatsächlich meist nicht nur aus einer Farbe. Das komplette Design eines Logos braucht oftmals mehrere (aber maximal drei) Farben. Doch welche Farben passen zusammen und wie wirken sie? Hier ein paar Links für inspirierende Farbkombinationen:

- https://colorpalettes.net/
- https://www.colourlovers.com/
- http://labs.tineye.com/multicolr/

Die Gesamtform eines Logos: Sind alle Einzelbestandteile definiert und designt, so geht es jetzt noch um die komplette Form des Logos, also die Gesamtkomposition aller Bestandteile. Denn unser Unterbewusstsein reagiert nicht nur auf die einzelnen Details eines Logos, sondern nimmt vielmehr ein Logo erst einmal als Gesamtform wahr und zieht damit (unbewusst) Rückschlüsse auf die Eigenschaften der Marke.[24] Haben Logos z. B. eine runde oder ovale Gesamtform (wie z. B. Land Rover), so wird das prinzipiell erst einmal positiv gesehen. Denn Kreise symbolisieren für uns Gemeinschaft, Freundschaft, Einheit, Stabilität und Ausdauer. Eckige Logos, also Logos, die in der Gesamtkomposition eher einem Dreieck oder einem Viereck ähneln (wie z. B. adidas oder Lego), symbolisieren für den Konsumenten Stärke, Effizienz, Ausgewogenheit. Mag ein Logo aus noch so vielen Details bestehen, die Sie sicherlich ausgiebig diskutiert haben, so entscheidet am Ende doch immer die Gesamtform.

---

24   https://www.impulse.de/wp-content/uploads/2016/01/infografik-the-psychology-of-logo-designs-by-colourfast-1.jpg

2.2.1.3   Logos sind nicht für die Ewigkeit

Auch wenn ich immer sage »Das Logo haben Sie jetzt für immer«, ist das natürlich nur die halbe Wahrheit. Die Zeiten, die Geschmäcker und auch die Mode ändern sich. Was heute noch eine moderne Schrift oder Farbe ist, kann in fünf Jahren schon wieder out sein. Oder nicht mehr zur Zielgruppe passen, da diese sich geändert hat. Deshalb kann und muss auch ein Logo ab und zu geändert werden. Das sollte jedoch in homöopathischen Dosen erfolgen, damit der bisherige Auftritt und die Bekanntheit der Marke nicht verloren gehen. Ein wunderbares Beispiel dafür ist die Marke NIVEA (siehe Abb. 23).

Abb. 23: Das NIVEA Logo von 1911 bis heute[25]

2.2.2   Schrift

Am Anfang steht das Wort. Und dieses Wort braucht eine Schrift, die zu Ihrem Unternehmen – genau genommen zu Ihrer Markenpositionierung – passt. Egal ob online oder offline. Denn auch Schriften tragen einen hohen Anteil zur Wiedererkennung Ihrer Marke und zur Bildung eines Markenimages bei. Mit der Schrift gestalten und definieren Sie den Gesamteindruck Ihres Markenauftritts.

---

25   https://nivea.de/marke-unternehmen/markenhistorie-0247

Eine Schrift haben Sie bereits für das Logo definiert. Jetzt benötigen Sie noch mindestens eine weitere Schriftart, die gleichzeitig mit dem Logo harmoniert, sich gleichzeitig zum Logo deutlich abhebt und außerdem noch Ihr angestrebtes Image repräsentiert.

Jede Schriftart hat einen eigenen Charakter. Schrift allein erzeugt schon eine Wirkung beim Leser – auch wenn dieser den Text noch gar nicht gelesen hat. Sie kann sympathisch, kühl, elegant, dynamisch, sachlich, emotional etc. wirken. Es gibt zahlreiche Untersuchungen, die sich mit der Wirkung von Schriften befassen. Eine der bekanntesten Designerinnen, die sich mit der Wirkung von Schrift auseinandersetzen, ist Sarah Hyndman. Auf ihrer englischsprachigen Website typetasting.com kann man sich einige Ergebnisse ihrer Tests ansehen.

Auch wenn es unzählbar viele Schriftarten gibt, so kann man sie doch in drei Kategorien einordnen:

Serifenschriften. Das sind die Schriften mit den kleinen Füßchen an jedem Buchstaben. Sie wirken ruhig, respekteinflößend und kompetent. Aber auch traditionell. Aufgrund der guten Lesbarkeit (durch die Serifen werden die Augen gut in der Zeilenlinie gehalten) werden diese Schriften gerne von Zeitschriften und Magazinen genutzt. Setzt man sie zu oft ein, kann der Eindruck jedoch auch schnell in die Richtung langweilig und fantasielos kippen.

Serifenlose Schriften. Das sind die Schriften ohne Füßchen. Sie vermitteln einen modernen, sauberen und stabilen Eindruck. Sie wirken freundlich und einladend. Serifenlose Schriften lassen sich sowohl online als auch offline gut darstellen und lesen.

Scriptschriften. Dabei handelt es sich um die Schriften, welche die menschliche Handschrift imitieren – von der krakeligen Kinderschrift bis zur antiken Schrift. Setzt man sie akzentuiert ein, vermitteln sie Eleganz, Kreativität, Menschlichkeit und Glaubwürdigkeit. Für längere Texte sind sie nicht geeignet, da sie zu schwer lesbar sind.

Bevor Sie sich für eine Schriftart entscheiden, testen Sie bitte vorab in einigen Beispieltexten, ob sie gut und angenehm zu lesen ist. Natürlich ist das oberste Ziel eines

Textes, dass er auch gelesen wird. Je mehr sich der Betrachter anstrengen muss, den Text zu entziffern, desto weniger ist diese Schrift zur Verwendung geeignet. Für die Lesbarkeit sind auch Schriftschnitt (also der Abstand zwischen den einzelnen Buchstaben) und Zeilenabstand verantwortlich, aber ebenso das Grunddesign der einzelnen Buchstaben. Je mehr sich einzelne Buchstaben ähneln, desto kleiner ist die Bereitschaft, den Text zu lesen, da es anstrengend für unsere Augen ist. Und so trivial und selbstverständlich es auch klingen mag: Auch die Schreibbarkeit der Schriftart ist wichtig. Das heißt, dass die Schrift alle Zeichen haben sollte, die Sie benötigen. Es macht für Unternehmen, die deutsche Texte veröffentlichen, wenig Sinn, Schriften zu verwenden, die keine Umlaute, keine »ß« oder keine Kleinbuchstaben haben.

Schriften alleine haben schon die Kraft, komplette Seiten zu gestalten. Um eine Gestaltung (einer Seite, einer Website, einer Verpackung, einer Visitenkarte etc.) wirklich interessant zu machen, benötigt man jedoch meist mehr als nur eine Schrift, d.h., man braucht oftmals Schriften zur Akzentuierung, Visualisierung und bewussten Blickführung. Deshalb ist es manchmal notwendig, mit mehreren Schriften zu arbeiten. Doch welche Schriften passen zusammen?

Wenn Sie – aus welchen Gründen auch immer – ausschließlich mit Schriften etwas gestalten wollen, dann gibt es drei Möglichkeiten, um interessante Designs zu entwickeln:

1. **Harmonisch**, d.h., es wird nur eine Schriftart verwendet in diversen Varianten: Schriftgröße, Schriftschnitt (dick, dünn, normal, kursiv) und/oder mit Spationierung (Abstand zwischen den einzelnen Buchstaben eines Wortes). Dadurch entsteht ein harmonischer und ruhiger Gesamteindruck. Allerdings kann dieser auch schnell langweilig werden.

2. **Akzentuiert**, d.h., es werden verschiedene Schriftarten verwendet, die sich zwar stark ähneln, aber nicht identisch sind. Dadurch entsteht wiederum ein harmonischer Gesamteindruck – diesmal mit leichten Akzenten. Bei zu geringer Akzentuierung kann der Gesamteindruck allerdings auch verwirren, wenn der Kontrast nicht hoch genug ist.

3. **Kontrastierend**, d.h., es werden verschiedene Schriftarten gewählt, die sich deutlich voneinander unterscheiden. Dadurch kann ein auffallendes und sehr ansprechendes Design entstehen. Doch wenn die Kontraste zu stark sind oder zu oft eingesetzt werden, dann wird die Blickführung unruhig. Das wiederum kann zu Verwirrung führen und die Lesebereitschaft senken.

Schriften sind wie Illusionsmeister. Auch wenn immer der gleiche Text genutzt wird, so können Produkte und Texte durch eine Schrift auf-, aber auch abgewertet werden. Sie kennen das sicher: Sie stehen vor einem Regal mit unzähligen Flaschen Wein. Leider kennen Sie keinen dieser Weine. Die erste (oberflächliche) Entscheidung treffen Sie daher über die Optik. Und da Weinetiketten zum Großteil aus Schrift bestehen, beurteilen Sie hier also die Wirkung der Schriftart. Deshalb entscheiden Sie bitte nicht leichtfertig über Ihre künftigen Schriftarten und definieren Sie genau deren Einsatzgebiete. Schriftarten zum Beispiel, die ungelenken Handschriften ähneln, können eine gute Schrift für den Titel eines Kinderbuchs sein. Für ein Buch über Aktienanlagen sind sie jedoch kaum geeignet. Wird also durch die Wahl der Schriftart eine falsche Stimmung kreiert, so sinkt bereits beim ersten Blick auf den Text die Wahrscheinlichkeit, dass der Betrachter die Worte bis zum Ende liest. Deshalb sind die am meisten genutzten Schriftarten auch »Arial« und »Helvetica«. Sie haben eine neutrale Wirkung. Damit kann man quasi nichts falsch machen. Auch die bekannte Serifenschrift »Times« wird immer wieder gerne verwendet. Serifenschriften sind zwar etwas schwerer zu lesen (vor allem in langen Texten), vermitteln aber höchste Seriosität und hinterlassen eine zuverlässige, vertrauensvolle und konservative Stimmung.

Der amerikanische Direktmarketer Ray Jutkins (1936–2005) hat mit seiner Liste der zehn Eigenschaften von Schriftschnitten die Bedeutung von Schriften auf den Punkt gebracht:[26]

- Schrift vermittelt dem Leser einen ersten Eindruck. Sie hat einen Charakter und sie hat Ausdruck. Und sie »führt« den Leser durch den Text. Ohne Schrift gäbe es keinen Text. Schlecht lesbarer Text lässt den Leser die Lust am Lesen verlieren. Viele unterschiedliche Schriftarten und Schriftschnitte verwirren den Leser.
- Jede Schrift hat eine eigene Persönlichkeit. Klein oder groß, mager, halbfett oder fett, verrückt oder konservativ. Sie muss zur Botschaft und zur Zielgruppe passen.
- Schrift hat sogar einen eigenen Klang. Wer etwas sehr laut schreien möchte, der sollte GROSS oder **fett** schreiben. Doch wer schreit, wird nicht automatisch besser verstanden. Oder er vermittelt eine (unbewusste) Botschaft, die so vielleicht gar nicht beabsichtigt ist. Übrigens: Auch ein Ausrufezeichen ist ein Brüllen.

---

26   https://www.versandhausberater.de/aktuell/db/f6e06644c3fb17c52be6bd0421b599b9.html

- Schrift kann und muss atmen. Zeilenabstände und Absätze können dem Leser »Atempausen« verschaffen und die Wirkung des Textes optimieren.
- Schriften erzeugen Stimmungen. Schriften für Hochzeitskarten und Todesfälle unterscheiden sich bewusst, denn sie sollen eine Stimmung unterstützen. Genauso wie Schriften von Luxusgütern und Spendenorganisationen unterschiedlich sein sollten. Luxusgüter müssen eine opulente Schrift verwenden. Spendenorganisationen sollten eine eher zurückhaltende, »arme« Schrift verwenden.
- Schrift erzeugt auch eine Atmosphäre. Jedes Satzzeichen ist wie ein Instrument in einem Orchester. Jedes Satzzeichen hat quasi eine eigene Stimme und Tonlage. Sternchen, Ausrufezeichen, Klammern, Gedankenstriche, Unterstreichungen, Anführungszeichen – jedes Zeichen erzeugt eine andere Atmosphäre!
- Schrift ist lediglich Hintergrund. Wenn die Schriftart selbst zu dominant ist, dann geht die Botschaft verloren.
- Schrift muss lesbar sein. Nur eine lesbare Schrift erzeugt Verständnis. Gemeint sind damit Schriftgröße, Satzlänge und gegebenenfalls Spaltenbreite. Die Schriftgröße muss mit dem Alter der Zielgruppe korrespondieren. Auch die Satzlänge ist wichtig: Je größer die Schrift, desto kürzer sollte der Satz sein. Zu lange Sätze überfordern den Leser – vor allem online.
- Schrift kann verzögern. Sie kann dazu führen, dass das Auge des Lesers länger an einem Wort oder Absatz hängen bleibt. Wenn der Text z. B. plötzlich bunt, kursiv oder fett ist oder ALLES in Versalien geschrieben wird. Gezielt und maßvoll eingesetzt kann das zu Eyecatchern werden. Wenn nur noch Sonderformate verwendet werden, verwirren sie den Leser.
- Schriften bilden eine Familie. Es gibt Unterschiede zwischen den einzelnen Familienmitgliedern, aber man gehört zusammen und mag jeden Einzelnen. Wählt man nun mehrere Schriften für eine Botschaft, dann sollten diese also miteinander harmonieren. Wenn zu viele Schriften gemixt werden, verliert der Text den Zusammenhalt.

Für alle Kommunikationsformen brauchen Sie eine Schriftart, die sich einerseits von der Logo-Schrift unterscheidet, aber auch gleichzeitig mit dem Logo harmoniert. Egal welchen Kommunikationsweg Sie nutzen (Website, E-Mail, schriftliches Angebot, Rechnung, Verpackungsdesign etc.), wählen Sie maximal drei Schriftarten, die Sie über alle Wege konsequent einsetzen. Zum Beispiel: Schrift 1 für Headlines, Schrift 2 für Copies und Schrift 3 für Sondereinsätze wie z. B. Verpackung. Welche Schriften passen zusammen? Wenn Sie keinen erfahrenen Grafiker nutzen wollen (oder können) oder sich einfach mal inspirieren lassen möchten, dann empfehle ich Ihnen folgende Webseiten:

* https://www.typewolf.com/
* http://typ.io/
* https://typespiration.com/

2.2.3   Farben

Farben sind wortwörtlich eine Never Ending Story. Und ein vortrefflicher Anlass für endlose Diskussionen. Warum ist unsere Welt eigentlich voller Farben statt nur schwarz-weiß? Und warum können wir sie erkennen, während einige andere Lebewesen doch nur schwarz-weiß sehen?

Farben haben auf Menschen (und Tiere) einen starken Einfluss – Sie enthalten Informationen (in Form energetischer Schwingungen), die unser Denken, Handeln und unsere Emotionen beeinflussen. Das Besondere ist: Wir können diese Wirkung so gut wie gar nicht willentlich steuern. Nur ein kleines Beispiel: Stellen Sie sich eine saftige gelbgrüne Zitrone vor. Stellen Sie sich vor, wie Sie herzhaft in diese Zitrone beißen. Spätestens jetzt beginnen Ihre Speicheldrüsen zu arbeiten, um sich auf den sauren Geschmack einzustellen. Und nun stellen Sie sich eine blaue Zitrone vor, in die Sie beißen. Es wird nichts passieren. Gelbgrün ist die Farbe für Saures.

Frauen empfinden Farben anders als Männer. Die Lieblingsfarben der Frauen sind Lila, Blau und Grün; die der Männer Blau, Grün und Schwarz. Die richtige Farbwahl ist also entscheidend für die Reaktion der Zielgruppen. Farben eignen sich hervorragend, um Emotionen oder bestimmte Assoziationen zu wecken, was allein schon das Beispiel der Zitrone zeigt. Die Wirkung der Farben auf uns ist abhängig von

* der persönlichen Erfahrung (Grün z. B. empfinden wir meist als frisch und ruhig),
* der symbolischen Überlieferung (z. B. Rot steht für die Liebe),
* der Kultur, in der wir aufgewachsen sind. So steht Weiß in westlichen Kulturen für Reinheit und Unschuld, in östlichen Kulturen hingegen für Trauer und Tod.

Die Wirkung von Farben übertrifft sogar die Wirkung von Formen oder Schriften:

* Über 80 Prozent der Käufer entscheiden sich für ein Produkt (beim Erstkauf) aufgrund der Farbe. Übrigens: Nur 6 Prozent entscheiden sich über die Haptik (also das Anfassen und Erfühlen des Produkts).

- 52 Prozent der (potenziellen) Käufer verlassen ein Geschäft sofort wieder, wenn ihnen die Farbgebung und Ästhetik des Raums nicht gefallen.
- Sehen wir ein neues Logo, dann entscheiden wir innerhalb von wenigen Sekunden, ob uns das Unternehmen sympathisch ist oder nicht. Das Verblüffende daran ist die Reihenfolge der Wahrnehmung der einzelnen Logo-Bestandteile: Der wichtigste Faktor (bis zu 84 Prozent!) ist die Farbe oder die Farbkombination. Erst danach erkennen wir Formen. Und an dritter Stelle kommt die Schrift.
- Klare Farben steigern natürlich die Wiedererkennung eines Logos. Aber wussten Sie, dass die Verständlichkeit einer Marke mit der richtigen Farbwahl um bis zu 71 Prozent gesteigert werden kann?

Farben senden auf spielerische Art sehr klare und prägnante Botschaften, denn Farben werden auch spezifische Eigenschaften zugeschrieben. In unseren Breitengraden steht

- **Rot** für Dynamik, Leidenschaft, Auffälligkeit und Appetitanregung,
- **Blau** für Vertrauen, Ruhe, Seriosität und Frische,
- **Grün** für Natur, Harmonie und hat eine beruhigende Wirkung,
- **Rosa** für Jugendlichkeit, Zartheit und Verspieltheit,
- **Weiß** für Minimalismus, Wahrheit und Reinheit.

Diese Liste lässt sich nahezu unendlich fortsetzen. Und Sie finden im Web viele Abhandlungen zu dem Thema Farbpsychologie.

Die Qual der Wahl: Welche Farbe passt nun zu Ihrem Unternehmen, Ihrem Produkt oder Ihrer Dienstleistung? Wieder greifen wir auf die Positionierung zurück (deshalb ist es so wichtig, sie am Anfang zu erstellen). Vor der Farbwahl gilt es, die folgenden Fragen zu beantworten:

- Welche Eigenschaften und Werte soll das Unternehmen ausstrahlen? Möchten Sie z. B. Seriosität und Sachlichkeit oder Dynamik und Kreativität vermitteln?
- Welche Wirkung sollen die Farben erzielen? Aktion, Information, Animation?
- Passen die gewählten Farben zu den Zielgruppen (Geschlecht, Alter, Interessen etc.)?

Natürlich ist die richtige Farbwahl kein Garant für einen überproportionalen Verkauf der Produkte. Dafür muss erst einmal ein erkennbarer Nutzen des Produkts existieren. Das Corporate Design jedoch bestimmt, ob eine Markensympathie aufgebaut und gehalten werden kann. Und einige (wenige) Unternehmen haben es mit sehr viel

Aufwand sogar geschafft, dass bestimmte Farben sofort mit ihnen verbunden werden. Beispiele: das Magenta von Telekom oder das spezifische Blau von Nivea. Ein ganz besonderes (und seltenes) Erfolgsbeispiel ist sicher die lila Kuh von Milka. Milka hat es geschafft, unsere gewohnte Farbwelt auf den Kopf zu stellen – und damit der Marke einen völlig eigenständigen Charakter verliehen.

> **! Wichtig**
>
> Bitte beachten Sie bei der Farbwahl: Eindeutig und klar benennbare Farben sind einprägsamer als schwierig zu definierende Farbtöne. Farbkombinationen sollten sich gegenseitig stärken und unterstützen.

Welche Farbe ist nun die richtige für Ihre Marke? Es kommt darauf an. Und zwar auf Ihre Zielgruppe! Also: Wer ist Ihre **Zielgruppe**? Was erwartet Ihr Besucher? Hier ein paar Beispiele:

Der Hedonist

Hedonisten sind kreativ und sehr spontan. Sie lieben Abwechslung und sind neugierig. Aber auch Genuss steht bei ihnen auf dem Programm. Ab und zu träumen sie gerne.

Die passenden Farben für Hedonisten: **Gelb** (Aktivität, Fantasie, Kreativität, Lebendigkeit), **Grün** (Sicherheit, Entspannung) und **Orange** (Neugierde und Abwechslung).

Der Disziplinierte

Der Disziplinierte ist ordentlich, pflichtbewusst und denkt logisch. Er kauft nur, was er wirklich braucht, und tummelt sich oft auf Preisvergleichsportalen.

Seine Farbe ist **Blau**. Blau steht für Vertrauen und Zuverlässigkeit. Blau wirkt freundlich und gleichzeitig diszipliniert.

Der Performer

Performer sind eher dominante Menschen, die am liebsten alles immer unter Kontrolle haben. Sie sind zielstrebig und ehrgeizig.

Ihre Farben sind **Rot** und **Schwarz**. Rot steht natürlich für Aktion, Power und Stärke. Schwarz steht ebenfalls für Kraft und Stärke und wird häufig für Luxusprodukte verwendet.

Der Harmoniebedürftige

Harmoniebedürftige sind sicherheitsorientierte Menschen, die Ruhe und Harmonie lieben. Sicherheit und Geborgenheit stehen bei ihnen an erster Stelle.

Ihre Farbe ist **Braun**. Braun – in den Nuancen von Beige über Gold bis zu dunklem Braun – steht für Gefühle, Wärme, Ehrlichkeit und Geborgenheit.

Eine Farbe allein wird Ihnen nicht reichen. Deshalb sollten Sie mindestens fünf weitere Farben als Ergänzung und Akzentuierung definieren. Je nach Zielsetzung ergänzen diese die Grundfarbe harmonisch oder kontrastieren bewusst, um aufzufallen. Im Netz finden Sie viele Seiten, die Ihnen mögliche Farbkombinationen aufzeigen. Ich lasse mich gerne von den folgenden Seiten inspirieren:

- https://colordrop.io
- https://www.palettable.io
- https://www.colourlovers.com
- https://color.adobe.com/de/create

Prüfen Sie jetzt bitte nochmals, ob weitere Farben im Corporate Design definiert werden müssen. Brauchen Sie vielleicht eine eigene Farbserie für Ihre unterschiedlichen Produkte? Oder einen Colour-Code für die Einrichtung Ihrer Räume? Oder Farbabstufungen für unterschiedliche Kundenpakete Light, Medium, Large? Oder kontrastreichere Farben für umfangreiche Charts? Hier noch ein paar weitere Links speziell für Abstufungen und Kontrastfarben:

- http://colrd.com/
- http://paletton.com
- https://coolors.co/

2.2.4   Bilder und ihre Sprache

Während wir Texte Buchstabe für Buchstabe lesen müssen, um den Inhalt zu erfassen, wirken Bilder unmittelbar und direkt, also viel schneller und einfacher als Text. Mit jedem Bild verbinden wir sofort Emotionen, Stimmungen und sogar Erinnerungen – auch wenn es ein Kampagnenbild ist. Kürzlich sah ich im Schaufenster einer Bank ein Bild, auf dem ein Paar in einem Cabrio saß und darüber stand »Freiheit, wir wären dann so weit«. Obwohl ich seit über 20 Jahren ein geschulter Marketer bin und natürlich weiß, was das Bild bedeuten soll, habe ich mich unmittelbar davon angesprochen gefühlt: Ja, das Gefühl will ich jetzt auch haben. Jetzt mit meinem Partner bei Sonnenschein in einem offenen Cabrio losfahren – ohne Ziel, ohne Sinn, ohne Verpflichtungen. Eine herrliche Vorstellung. Aber nein, in die Bank wollte ich nun trotzdem nicht gehen. Doch das Bild bleibt mir bis heute im Gedächtnis. Genau deshalb heißt es auch: »Bilder sagen mehr als tausend Worte.«

Bilder sind mächtige Kommunikatoren. Ein Text muss erst gelesen und verstanden werden. Bilder hingegen erfassen wir mit einem Blick. Sie vermitteln Gefühle, Stimmungen, Erinnerungen, Zustimmung oder Ablehnung. Längst schon haben Icons und Symbole die Buchstaben in vielen Bereichen abgelöst. Und: Bilder ziehen die Blicke der Betrachter magisch an. Erst wenn das Bild als interessant eingestuft wird, beginnen wir, den Text zu lesen. Deshalb ist die Definition einer Bildsprache so wichtig, um die gewünschte Aufmerksamkeit und das gewünschte Image bei Kunden zu erreichen.

Bildinformationen werden in zwei Schritten aufgenommen: zuerst die Farben und (groben) Formen, dann die einzelnen Bilddetails. Deshalb sind nicht nur die Inhalte der Bilder wichtig, sondern auch die Farbkompositionen und verwendeten Farbfilter. Was wirkt besser: blasse oder knallige Bilder? Bilder mit Menschen oder ohne? Bunte oder monochrome? Sie sehen schon, die Antwort kann nur lauten: »Kommt darauf an.« Auf das Image, das man vermitteln will. Und schon sind wir wieder bei der Markenpositionierung und den angestrebten Werten. Welche Bildsprache passt zu Ihren Werten?

Tipps für die richtige Bildwahl:
- **Einzigartig.** Verzichten Sie weitestgehend auf Stockfotos, die jederzeit auch von Ihren Mitbewerbern genutzt werden können. Finden Sie einen eigenen Stil, der Ihre Botschaften und Werte in den Mittelpunkt stellt.
- **Realistisch.** Bilder fungieren wie Verkäufer. Sie können uns verführen, überzeugen und zu Handlungen anregen. Doch je öfter und mehr uns dieser Bild-Verkäufer Unrealistisches verspricht, desto misstrauischer werden wir. Glückliche Menschen auf einem Zahnarztstuhl sind unglaubwürdig.
- **Positiv.** Obwohl das »Spiel mit der Angst« immer wieder funktioniert, sollte die Bildsprache keine derartigen Situationen zeigen. Um beim vorherigen Beispiel zu bleiben: Natürlich verkaufen Sie Ihre Leistungen nicht, wenn Sie nur ängstliche Menschen auf dem Zahnarztstuhl zeigen. Schließlich möchten Sie ja die

Lösung verkaufen. Deshalb sollten Sie den Kundennutzen auch in der Bildsprache in den Fokus stellen.

- **Aktuell.** Auch Bildsprache und Sehgewohnheiten ändern sich und unterliegen Trends. Die Smartphone-Fotografie hat die Sehgewohnheiten in den letzten Jahren massiv verändert. Während vor Jahren noch gestellte Fotoszenen mit fast unnatürlich schönen Models das Maß der Dinge waren, sind es heute sehr realitätsnahe Alltagsszenen.
- **Konsequent.** Alle in der Kommunikation verwendeten Bilder müssen die gleiche Tonalität haben und die gleiche Sprache sprechen, um den Kunden ganzheitlich und auf Dauer zu überzeugen.

Für welche Bildsprache (Inhalt, Stil und Ausdruck) Sie sich auch immer entscheiden, behalten Sie Ihre Zielgruppe (und deren Bedürfnisse und Erwartungen) im Auge. Ändern sich Gewohnheiten oder Anforderungen, so sollten Sie auch die Bildsprache anpassen.

Übrigens: Auch **Formen** sind Bilder. Stark reduzierte Bilder. Auch sie wirken auf den Betrachter und können unterschiedliche Emotionen und Assoziationen auslösen.

Quadrate und **Rechtecke** sind die am meisten verwendeten Formen. Zum Beispiel als Hintergrund, um Texte hervorzuheben, als kleine Aufzählungszeichen, als optische Hervorhebung. Diese Formen stehen für Stabilität, Solidität, Sicherheit und Verlässlichkeit. Wegen ihrer klaren Struktur und der harten Winkel stehen sie eher für das Rationale und Männliche.

Kreise hingegen wirken weicher. Sie stehen für Einheit, Vollkommenheit, Bewegung und Unendlichkeit. Kreise sind Hingucker, sodass man sie nur reduziert und sehr bewusst einsetzen sollte. Da sie auch für Bewegung stehen, werden sie gerne zur Unterlegung von Handlungsaufforderungen genutzt.

Dreiecke sind richtungsweisend. Sie stehen für Bewegung, Fortschritt, Wachstum, Aktivität und lenken den Blick in eine bestimmte Richtung. Allerdings ist bei Dreiecken der Stand ausschlaggebend. Stehen sie aufrecht, dann vermitteln sie Stabilität und Ausgewogenheit. Stellt man ein Dreieck auf den Kopf, vermittelt es das Gegenteil. Seitlich liegend ist es richtungsweisend.

2.2.5 Gestaltungsraster

Farben, Schriften und Bildsprache (inklusive der Verwendung von Formen) stehen nun fest. Doch wie stehen sie zueinander? Wo steht in welcher Schriftgröße die Überschrift? Und wo genau soll das Logo stehen? Links, rechts oder mittig? Was ist mit Co-Branding? Also wie soll man das Logo platzieren, wenn es mit anderen Logos abgebildet wird? Wo sollen welche Abstände eingehalten werden? In welchen Proportionen stehen Bilder zu Schriften? Und wie unterscheiden sich Print- und Webformate?

Damit bei allen Druckstücken und Online-Tools ein einheitlicher Markenauftritt gewährleistet ist, braucht es Gestaltungrichtlinien für jedes Produkt (Visitenkarten, Flyer, Broschüren, Briefpapier, Firmenschilder, Website ...) in Form von Layout-Rastern.

Zu den Richtlinien gehören im Allgemeinen
- das Format,
- die Platzierung des Logos, des Claims und der Texte,
- der allgemeine Satzspiegel inklusive Spaltenanzahl,
- die Schriftarten und -größen,
- die Verwendung von Farben und Bildern.

Und natürlich entsprechend angelegte Musterseiten für die professionelle Druckproduktion oder Templates für Internetauftritte und Apps.

2.2.6 Webdesign

Kein Unternehmen kann heute auf eine Darstellung im Web verzichten. Die Website ist wie ein Schaufenster, das zeitgleich von der ganzen Welt aus gesehen werden kann. Das Ziel der Website ist der entscheidende Ausgangspunkt. Das visuelle Design ist dabei eigentlich nur untergeordnet, wenn auch wichtig, da jeder Kontakt zu der Marke entscheidend für die Wahrnehmung der Zielgruppe ist. In diesem Kapitel geht es nicht um die inhaltliche Gestaltung einer Website. Wir sind immer noch im Bereich Corporate Design. Wie bei allen bisher definierten CD-Bestandteilen basiert auch das Webdesign auf Ihrer Markenpositionierung. Und natürlich auf der Zielsetzung Ihrer Website.

Die Ziele einer Website können sehr unterschiedlich sein. Von Imagebildung über reine Information über Produktkonfiguration, Leadgenerierung oder Verkauf kann alles zutreffen. Imagebildung ist jedoch immer ein Bestandteil.

Der Erfolg einer Website beruht auf drei Säulen:

- Die erste und wichtigste Säule ist die Nutzerführung und Benutzerfreundlichkeit einer Website, wenn der User bereits auf der Seite ist.
- Mindestens genauso wichtig ist darum die zweite Säule: die Suchmaschinen-Optimierung (SEO), die den User erst auf die Seite aufmerksam macht. Hierfür sollten Sie ebenfalls in den Vorarbeiten zur Markenpositionierung schon mindestens zehn Suchbegriffe herausgefunden haben, unter denen die User Sie finden sollten.
- Doch die dritte und wichtigste Säule ist die visuelle Präsentation, also das Design. Warum? Wenn Sie kein Versandhaus, keine Kommunikationsplattform und kein Online-Magazin sind oder ein weltweites Unternehmen mit einem (ungestützten) Bekanntheitsgrad von über 60 Prozent, dann werden die meisten Nutzer eher durch Zufall oder durch gezielte Werbung auf Ihre Website kommen. Und dann haben Sie genau drei (!) Sekunden Zeit, diesen User davon zu überzeugen, dass er bei Ihnen richtig ist. In diesen drei Sekunden muss der User in der Lage sein, alles Wichtige zu erfassen, damit er auf Ihrer Website bleibt.

Welche Inhalte Sie ihm dort vermitteln, hängt – wie bereits erwähnt – von der Zielsetzung für Ihre Website ab. Doch nicht nur der Inhalt ist wichtig, sondern auch das Image. Spricht das vermittelte Image den User an, wird er auf Ihrer Seite weiter surfen. Spricht ihn das Image nicht an (obwohl Ihr Angebot passen würde), dann surft der User weiter zur nächsten Website.

Lassen wir den Bereich SEO als Spezialbereich hier mal außen vor. Dann umfasst das Thema Webdesign immer noch drei Bausteine:

1. Die visuelle Gestaltung (also das Grafikdesign)
2. Die funktionale Gestaltung (Zielführung)
3. Die strukturelle Gestaltung (Benutzerfreundlichkeit)

Für das **Grafikdesign** sollten Sie jetzt schon nahezu alles definiert haben: das Logo, die Bildsprache, die Farben, die Formen und die Schriften. Manchmal kommt es vor, dass Sie bei der Schrift auf eine andere – webfreundlichere – Schrift ausweichen müssen. Trotzdem sollte diese Web-Schrift Ihrer gewählten Schrift so ähnlich wie möglich sein. Die Umsetzung aller CD-Bausteine in ein Webdesign sollte nun – abgesehen von der Programmierung – eine Selbstverständlichkeit sein. Oder benötigen Sie für die Website doch noch spezielle Formen, z. B. für einen Button? Oder weitere Farbabstufungen? Dann definieren Sie diese so, dass sie sich harmonisch in die bisherigen CD-Elemente einfügen. Gibt es Probleme oder Herausforderungen wegen der technischen Umsetzbarkeit? Dann versuchen Sie im ersten Schritt eine Vereinfachung der bisherigen Elemente. Nur in Ausnahmefällen brauchen Sie für das Webdesign neue CD-Vorgaben.

Die **Zielführung** hängt von Ihrer Zielsetzung ab. Was möchten Sie mit Ihrer Website erreichen? Kontakte? Verkauf? Informationen zum Unternehmen? Serviceangebote? Spendensammlung? Und was möchte Ihre Zielgruppe auf der Website erfahren? Wie gesagt: Sie haben (auf der Startseite oder der Landingpage) nur drei Sekunden Zeit, das Wesentliche zu vermitteln. Das ist quasi der Elevator Pitch extrem. Entsprechend der Zielführung werden die einzelnen Elemente jeder (Web-)Seite angeordnet und mit entsprechenden Links oder Call-to-Action-Buttons versehen.

Die **Benutzerfreundlichkeit** und die Navigation orientieren sich stark an der Zielgruppe. Pauschal kann man sagen: Je älter die Zielgruppe, desto umsichtiger und »langsamer« sollte die Nutzerführung sein, aber desto höher sollte die Barrierefreundlichkeit priorisiert sein. Je jünger die Zielgruppe, desto schneller muss die Nutzerführung funktionieren. Braucht der User mehr als drei Klicks, um zum passenden Angebot zu kommen? Dann haben Sie ihn schon verloren. Sie haben den Suchbegriff »Honeymoon-Urlaube« belegt und beworben, doch der Link führt auf Familienurlaube? Schon ist der User wieder von Ihrer Website verschwunden. Die verwendeten Bilder sind zu groß und der Ladevorgang damit zu langsam? Leider wieder verloren.

Kaum etwas ändert sich derzeit so schnell wie die Technik, die Handhabung und das Design. Während vor wenigen Jahren noch die sogenannten One-Pager das Nonplusultra im Webdesign waren, sind heute großformatige Bilder angesagt. Während vor wenigen Jahren noch die meisten User über den klassischen PC Webseiten betrachtet haben, navigieren heute bereits mehr als 75 Prozent der User über das Smartphone oder Tablet durch das Web (mit steigender Tendenz). Deshalb ist es unumgänglich, die Website ständig zu aktualisieren und der aktuellen Technik anzupassen. Doch eines bleibt immer gleich: Mit jeder einzelnen Webseite und jedem Klick beeinflussen Sie die Wahrnehmung Ihrer Marke durch den User.

2.2.7 App-Design

Doch nicht nur Webseiten sind wichtig für Marken und Unternehmen. Da der Trend derzeit auf Smartphones und Tablets geht, entscheiden sich auch immer mehr Marken dafür, eine eigene App (Applikation/Anwendung für Smartphone, Tablets oder auch Desktops) zu entwickeln und entweder nur ihren Mitarbeitern und Kunden oder der breiten Öffentlichkeit zur Verfügung zu stellen. In den App-Stores der drei Top-Anbieter (Google Play, Apple App Store und Amazon Appstore) gibt es aktuell über vier Millionen Apps, die zur Verfügung stehen. Allein im Apple App Store wurden kumuliert von Januar 2011 bis Juni 2017 über 180 Milliarden Apps heruntergeladen.[27]

Bei der Programmierung einer App geht es um viele Punkte, die über die Akzeptanz und den Erfolg entscheiden. Der wichtigste Punkt ist die Usability (also der Flow der App, die Benutzerführung, -freundlichkeit und Zielorientierung). Aber auch eine App ist natürlich eine Art der Markendarstellung. Das bedeutet, dass auch hier Schriften, Farben, Akzente (z. B. für Buttons), Bilder und Formen definiert werden, um ein durchgängiges Design und Markengefühle zu vermitteln. Ein kurzes Beispiel: Als Facebook Instagram übernahm, wurde zwar das Instagram-Logo beibehalten, der Hintergrund jedoch wurde erst einmal im typischen Facebook-Blau eingefärbt, um damit einen Wiedererkennungswert für beide Kundengruppen zu gewährleisten und somit eine direkte Verknüpfung zwischen App und Marke herzustellen.

2.2.8 Jedes Detail zählt: PowerPoint, Autosignatur und Co

Je nachdem, welches Unternehmen Sie führen, nutzen Sie diverse Marketinginstrumente. Präsentieren Sie viel vor Auditorium? Dann werden Sie PowerPoint oder Keynote für Ihre Präsentation nutzen. Sorgen Sie dafür, dass auch hier eine einheitliche Gestaltungsvorlage existiert. Sie versenden Rechnungen per Post oder Angebote per Mail? Dann definieren Sie eine Word-Vorlage, die Ihrem angestrebten Image entspricht: funktional, praktikabel und gleichzeitig unverwechselbar. Sie haben ein Call Center? Dann prüfen Sie Ihre Hotline-Warteschleife. Passt sie zur Marke oder haben Sie aus Kostengründen zu einer Einheitsmusik gegriffen?

---

27 Vgl. https://de.statista.com/statistik/daten/studie/208599/umfrage/anzahl-der-apps-in-den-top-app-stores/ sowie https://de.statista.com/statistik/daten/studie/20149/umfrage/anzahl-der-getaetigten-downloads-aus-dem-apple-app-store/

Jedes Detail zählt. Jeder Kontakt definiert Ihr Image. Egal, ob Sie es Customer Journey oder Moments of Truth nennen: An jedem einzelnen Kontaktpunkt manifestieren Sie das Image Ihrer Marke. Deshalb sollte jeder Kontakt sorgfältig überprüft werden, ob er zu Ihrem Unternehmen, Ihrer Positionierung und Ihrer Marke passt. Nur ein stimmiges Gesamtbild überzeugt Interessenten davon, zu Kunden zu werden. Und Kunden lässt es zu Stammkunden werden, die Sie gerne weiterempfehlen.

Ein Beispiel aus meiner Praxis: Vor einiger Zeit gewann ich einen Pitch zur Gestaltung einer Website. Das Thema: User können Backwaren mit einem eigenen Foto gestalten und online bestellen. Was hat meinen Kunden damals an meiner Pitch-Präsentation überzeugt? Zum einen die klassische Herangehensweise: Beginnend mit der Markenpositionierung, einem USP (den musste ich entwickeln, da es keine Vorgabe gab) und dem daraus resultierenden Design erstellte ich nicht nur einen ersten Rough der Website, sondern brachte auch einige Vorschläge zum Verpackungsdesign mit, welche die Frische und Werthaltigkeit des Produkts unterstreichen sollten. Vor der Präsentation versprühte ich im Zimmer ein Raumspray, das nach Bäckerei duftete. Die Liebe zum Detail und die Konsequenz in der Umsetzung brachten mir den Zuschlag.

Genau das ist es, was ich mit der »Liebe zum Detail« meine. Jede scheinbar noch so unwichtige Kleinigkeit zählt. Sicher schreiben Sie und Ihre Mitarbeiter täglich noch viele Mails. Haben Sie an eine einheitliche Autosignatur gedacht? Und eine einheitliche Abwesenheitsmitteilung im Urlaubsfall? Wie melden sich die Mitarbeiter am Telefon? Ich kenne Unternehmen, wo die Mitarbeiter nicht einmal den Namen des Unternehmens korrekt aussprechen können.

Und wie sieht es mit der Haptik aus? **Die Haptik ist eines der am meisten unterschätzten Details.** Dieses Thema betrifft natürlich nur die analoge Welt. Die Auswahl des Materials wird leider viel zu oft zugunsten der Kosten vernachlässigt. Wenn Sie eine Visitenkarte überreicht bekommen, fällen Sie Ihr Urteil darüber innerhalb einer Sekunde. Entscheidend für Akzeptanz sind eine klare (lesbare) Darstellung und die Papierqualität. Das beste Design wirkt auf günstigem Papier eben auch günstig. Vergleichbar ist das mit einem Restaurantbesuch. Der Tisch ist mit Stoffservietten eingedeckt? Wie edel. Der Tisch ist mit billigen Papierservietten eingedeckt? Da verliert auch das teuerste Essen. Die Haptik ist ein Detail, das wir oft nur unbewusst in die Wertung einfließen lassen, das jedoch einen hohen Anteil an der Gesamtbewertung hat. Wie wertig die Haptik sein muss, lässt sich wiederum aus der Markenpositionierung ableiten.

Und welche Formate setzen Sie ein? Quadratische Visitenkarten fallen auf, passen aber nicht in Standardablagen. Flyer im Sonderformat fallen ebenfalls auf, erhöhen aber auch die Versandkosten. Kleinere Verpackungseinheiten erfreuen umweltbewusste Kunden, fallen aber im Regal im Vergleich zu den Mitbewerberangeboten weniger auf. One-Pager-Webseiten brauchen (meist) keinen hohen Programmier- und Pflegeaufwand, sind aber auch wenig aussagekräftig (von SEO-Optimierung ganz zu schweigen). Einige hier genannte Nachteile können sicher mit einer guten Gestaltung wettgemacht werden.

Was ich sagen möchte, ist: *Auf*fallen um jeden Preis bedeutet nicht unbedingt *Gefal*len. Wenn Sie aus der Reihe tanzen wollen, dann machen Sie es bewusst und mit Schwung. Denken Sie dabei immer daran, dass wirklich jeder Kontakt zählt. Denken Sie an die Bedürfnisse Ihrer Zielgruppe und an deren anschließende Nutzung. Und denken Sie an Ihr angestrebtes Image, an den Aufbau und Pflege Ihrer Marke oder Markenfamilie.

2.2.9   Das CD-Manual

Das Entwickeln eines Corporate Designs braucht vor allem zwei Voraussetzungen: die Liebe zum Detail und Zeit. Ein CD kann nicht innerhalb von wenigen Tagen umfassend und anwendungskonform entwickelt werden. Vielmehr müssen dafür viele Workshops, Korrekturschleifen und Abstimmungsphasen stattfinden, bis wirklich alles bis zum letzten Pixel definiert wurde. Und auch wenn es endlich fertig definiert wurde, wird dieses Kapitel nie wirklich geschlossen, da immer neue Anforderungen auf den Tisch kommen.

Ausgehend von der Positionierung sind nun alle relevanten Designkriterien definiert worden. Je mehr Personen mit dem Design arbeiten werden, desto wichtiger ist es, die definierten Kriterien auch schriftlich zu fixieren. Das CD-Manual beinhaltet alle visuellen Elemente und Gestaltungsrichtlinien, um ein einheitliches Erscheinungsbild zu gewährleisten. Das CD-Manual ist somit der Garant, dass der professionelle Markenauftritt gewahrt und richtig eingesetzt wird – in allen Anwendungsfällen.

Alle Vorgaben sind darin so aufbereitet, dass sowohl die eigenen Mitarbeiter als auch externe Dienstleister und Agenturen bei der Erstellung von Kommunikationsmitteln Unterstützung und Leitlinien finden. Auch in diesem Bereich hat die Digitalisierung bereits Einzug gehalten. Klassische CD-Manuals in PDF-Form sind zwar noch weit verbreitet, doch geht der Trend eindeutig in Richtung digitales Markenportal.

Basisbestandteile des CD-Manuals sind:

- Das Logo und seine Handhabung. Richtlinien für unterschiedliche Hintergründe und – wenn nötig – weitere Angaben (z. B. Mindestfreiräume, Verwendung mit und ohne Subline etc.)
- Der Umgang mit dem Claim
- Die Farben inklusive Anwendung. Richtlinien, welche Farben in welcher Priorität oder Kombination verwendet werden können. Angabe aller Farbcodes (RGB, CMYK, HEX, Pantone oder HKS, RAL)
- Die Schriften inklusive Anleitung zur Anwendung
- Die Bilderwelt (inklusive Formen) inklusive Erläuterung
- Grafiken und Charts (wenn nötig)
- Gestaltungsraster für alle verwendeten Druckmittel (wie Plakate, Flyer, Anzeigen etc.) und Online-Tools inklusive Anwendungsvorlagen und -Templates
- Firmenspezifische Punkte wie Online-Shop, Beschilderung, Mitarbeiterzeitung, Display, Messeausstattungen etc.

Zusätzlich sollten auf dem Markenportal auch alle Vorlagen downloadgeeignet und (klar und einfach) nachvollziehbar sein.

Einige inspirierende Beispiele dafür finden Sie hier.

Portale:

- https://frontify.lufthansa.com/d/Sy9Wlqgm4YPF
- https://www.audi.com/ci/de/renewed-brand.html
- https://corporate-design.hannover-rueck.de/

Manuals:

- https://www.designtagebuch.de/cd-manuals/ALL-INKL_CD-MANUAL.pdf
- https://www.designtagebuch.de/cd-manuals/Bergwacht-Bayern-Erscheinungsbild.pdf
- https://www.designtagebuch.de/cd-manuals/CD-Koenig-Pilsener-2012.pdf

2.3 Das Entdecken aller Sinne

Kürzlich bekam ich einen Prospekt von einem regionalen Kaufhaus, das es sich zur Aufgabe gemacht hat, regionale Dienstleister aus unterschiedlichen Branchen zur Präsentation ihrer Angebote einzuladen und daraus ein besonderes Kunden-Event zu machen. Sie nannten es »Ein Tag zum Sehen, Anfassen, Riechen, Schmecken, Hören«. Ich fand das faszinierend. Warum?

Der Mensch trifft täglich Hunderte Entscheidungen. Die meisten davon finden im Unterbewusstsein statt, sodass wir oft gar nicht merken, dass wir eine Entscheidung getroffen haben. Es gibt sogar Studien, die besagen, dass 95 Prozent aller Entscheidungen unbewusst getroffen werden.

Das Ziel von Marketing muss daher sein, die Marke im Unterbewusstsein der Zielgruppe zu verankern. Also eine emotionale Verbindung aufzubauen. Im wahrsten Sinne des Wortes »merk-würdig« zu sein. Die meisten Marken setzen dabei auf audiovisuelle Kommunikation. Wie schade. Zu viele Unternehmen setzen nur auf die Sinne Sehen und Hören. Damit laufen sie Gefahr, im lauten Geschrei der Marken unterzugehen. Marken, die ihre Werte über mehrere Sinne (nicht nur visuell und übers Hören) kommunizieren, wecken die Aufmerksamkeit der Kunden, ziehen an und bleiben im Gedächtnis.

Synästhesie ist das Stichwort, also die Kopplung zweier oder mehrerer Sinnesreize. Dass die Kombination von Sinneswahrnehmungen überraschende Konsequenzen haben kann, erkennt man gut bei Geschmackstests. Verköstigt man ein Produkt ohne Warenkennzeichnung, dann kann es dazu führen, dass ein No-Name-Produkt besser abschneidet als die Markenprodukte. Kann man stattdessen die Marke erkennen, so schneidet das Markenprodukt meist besser ab als das No-Name-Produkt. Wie kann das sein?

Die Forschung zeigt: Je mehr Sinne angesprochen werden, desto besser kann sich der Mensch Botschaften merken. Warum sollten wir dieses Wissen also nicht auch im Marketing nutzen? Das Stichwort heißt demnach »multisensuale Markenführung«.

Im klassischen Kontext besitzt der Mensch fünf Sinne:
- Hörsinn
- Geruchssinn

- Geschmackssinn
- Sehsinn
- Tastsinn

Somit haben wir als Marketers also fünf Kanäle, die wir befeuern können, um die Marke im Gedächtnis der Zielgruppe zu verankern.

Einige Unternehmen haben es dabei natürlich leichter als andere, ihre Produkte auf mehreren Sinneskanälen zu bewerben – z. B. Parfümerien, die ihren Kunden fast automatisch ein Sinneserlebnis für Riech- und Tastsinn liefern. Oder Consumer Goods, die zur Akquise auch mal eine Kostprobe des Produkts zur Verfügung stellen. Unvergesslich ist ein Weizenbier-Abend, an dem ein Weizenbier-Sommelier die Unterschiede der einzelnen Weizenbier-Sorten mit kleinen Snacks und natürlich der jeweiligen Sorte erklärt hat. Als Aperitif gab es ein Glas Weizenbier mit Aperol, was sogar mir als Nicht-Biertrinker sehr gut geschmeckt hat. Unternehmen, die reine Dienstleistungen anbieten, brauchen etwas mehr Fantasie, um möglichst viele Sinne zu erreichen.

Fakt ist, dass es in unserer Welt bereits heute eine Reiz- und Informationsüberflutung gibt, die jedoch primär auf Hören und Sehen beruht. Möchte man durch diese Flut als Marke durchdringen und damit das Mindset des Kunden treffen, kommt man nicht darum herum, auch die anderen Sinne einzubeziehen.

Ein paar Beispiele für bekannte und außergewöhnliche Sinnesansprache:

Der Hörsinn
Der Hörsinn kann gut für die Markenbildung eingesetzt werden. Jingles sind hier das meistgenutzte Stilmittel. Also eine kurze und einprägsame Tonfolge oder Melodie, anhand deren der Absender sofort erkannt wird. Schöne Beispiele dafür sind die Telekom oder die LBS (»Wir geben Ihrer Zukunft ein Zuhause – LBS«). Natürlich gehören hier auch die Warteschleifenmusik, automatische Telefonansagen oder die Dauerschleifenmusik in Aufzügen oder Kundenräumen (Shops) dazu. Eine besondere Herausforderung bringt gerade die Digitalisierung mit sich: Sprachassistenten wie Alexa (Amazon), Siri (Apple), Bixby (Samsung) oder Google Assistant (Google) fordern die entsprechenden Unternehmen. Mit welcher Stimme soll gesprochen werden? Männlich, weiblich oder divers? Alt, mittelalt oder jung? Soll die Stimme eine spezifische Klangfärbung haben? Doch nicht nur, *wie* die Stimme spricht, auch

was sie sagt, entscheidet über die Gunst der Verwender. Wie sind die Antworten auf Fragen? Amüsant? Intelligent? Eher rational oder eher emotional? Dadurch, dass Sprachassistenten und Roboter immer mehr Einzug in unseren Alltag halten (und diese nur durch ihre »Menschlichkeit« die notwendige Akzeptanz bekommen), können Marken nun auch zu einem alltäglichen Begleiter werden.

Der Geruchssinn
Hier sind Marken bereits ziemlich kreativ:
* In jeder Shopping Mall befinden sich Shops, die Backwaren verkaufen. Man kann den frischen Backgeruch schon aus fünf Metern riechen. Und meist signalisiert das Gehirn nach dem ersten Einatmen »Das will ich haben«. Natürlich ist dieser Geruch künstlich, da die wenigsten Backwaren-Shops noch vor Ort backen (können). Um sich gegen alle vorhandenen anderen Reize durchzusetzen, setzen die Backwaren-Shops auf eine multisensuale Präsentation. Und können damit wie von selbst ihren Umsatz steigern.
* Unternehmen mit einem weltweiten Filialnetz setzen bereits seit einigen Jahren auf eigene Gerüche. BREE z. B. verwendet schon seit Jahren in allen Filialen das Air-Branding. Egal wo Sie auf dieser Welt in einen BREE-Shop gehen, er wird überall gleich duften. Wenn Sie ein Bree-Markenfan sind, werden Sie sich sofort »zu Hause« fühlen.
* Einige Supermärkte verwenden auch in Deutschland bereits Beduftung mittels eines Bewegungsmelders. Passiert der Kunde diesen (versteckten) Bewegungsmelder, wird sofort eine Duftwolke über ihn freigesetzt. Je nach Anlass riecht es z. B. in der Weihnachtszeit nach Lebkuchen. Und siehe da: Schon fallen dem Kunden die Weihnachtsleckereien der Marke XY ins Auge.
* Restaurants, welche die Frische ihrer Zutaten betonen möchten, beduften ihre Räume mit dem frischen Geruch von Kräutern.

Der Geschmackssinn
* Jägermeister hatte bis vor einigen Jahren noch ein etwas angestaubtes Image. Um dieses (sehr erfolgreich) wieder aufzubessern, schickt Jägermeister seit einigen Jahren die berühmten Jägeretten in angesagte Clubs und Locations.[28] Ziel ist, junge Menschen von dem Getränk und frischen Mixturen zu begeistern. Dafür werden attraktive junge Frauen und Männer in Jägermeister-Montur in die Clubs

---

28 https://www.jagermeister.com/de-DE/meisterwissen/jaegerettes

geschickt mit einem Tablett voller Reagenzgläser mit Kostproben. Warum Reagenzgläser? Ganz einfach: Man kann sie nicht abstellen. Also muss der Zielkunde das Getränk austrinken und das Reagenzglas wieder an die Jägeretten zurückgeben.

- Die Spaten-Franziskaner-Bräu GmbH bietet »genussvolle Auszeiten«, um Nichtkenner oder Bierfreunde von ihren Bieren zu überzeugen: mit dem Franziskaner Weißbier Sommelier-Abend mit vier Gängen.[29] Es gibt – vor allem in Bayern – so viele Biere und Weizenbiere, dass sich Brauereien schon etwas Besonderes ausdenken müssen, um neue Kunden zu generieren.

Sie haben natürlich recht, wenn Sie sagen, dass sich Ess- und Trinkprodukte leichttun, den Geschmackssinn anzusprechen. Sie haben kein Produkt, das man probieren kann? Auch das ist kein Problem. Es gibt einige Unternehmen, die eine kleine geschmackliche Beigabe in jede Postsendung legen. Zum Beispiel Gummibärchen in der Unternehmensfarbe zur »Nerven-Beruhigung« (Steuerberater) oder eine extra kleine Packung Schokolinsen in jede Kaffeelieferung (Kaffeerösterei). Kleinigkeiten, die man essen kann und gleichzeitig eine positive Verbindung zu der Marke kreieren.

Der Sehsinn
Das Thema Farben wurde bereits eingehend beschrieben. Und sicher setzen Sie Ihre Unternehmensfarben bereits zielsicher ein. Doch denken Sie noch mal etwas weiter. Ist es möglich, dass Ihre Mitarbeiter mit E-Rollern in Unternehmensfarbe zum Kunden fahren? Oder alle Taschen mit dem Branding tragen? Oder die Wände Ihrer Räume in dieser Farbe gestrichen werden? Oder haben Sie gar ein Maskottchen für Ihre Marke? Dann setzen Sie dieses so oft wie möglich ein. Manchmal braucht es ein wenig Kreativität und »um die Ecke denken«, aber bisher haben wir noch für jede Marke Möglichkeiten gefunden, alle Sinne anzusprechen.

Der Tastsinn
Hier geht es wieder um die Haptik. Alles, was der Kunde anfassen kann, sollte den Markenwerten entsprechen. Sie haben Umweltbewusstsein als Markenwert? Dann verwenden Sie natürlich Umweltpapier. Sie haben Exzellenz als Markenwert? Dann könnten Sie über (teilweise) Folierung der Visitenkarten oder Broschüren nachden-

---

29   https://www.franziskaner-weissbier.de/genussvolle-auszeit/sommelier-abende/registration/59

ken. Alles, was hilft, sich von der Konkurrenz zu unterscheiden, die Markenwerte zu unterstreichen, und was sinnvoll ist, ist erlaubt und sogar erforderlich.

Um sich gegen Mitbewerber durchzusetzen und in der alltäglichen Informationsflut durchzudringen, braucht es so viele Kontaktpunkte wie möglich. Ziel dabei ist, nicht nur die Erwartungen der Interessenten und Kunden zu erfüllen, sondern sie immer wieder zu übertreffen und für Überraschungen zu sorgen. Je besser und persönlicher die Erfahrungen mit einer Marke sind, desto schneller überzeugen Sie Interessenten und desto mehr steigt die Kundenbindung.

Zugegeben, es ist einfacher, multisensuales Marketing zu machen, wenn man ein konkretes Produkt hat (statt einer Dienstleistung) oder einen Kundenraum (Restaurant, Shop etc.). Aber auch Dienstleister können mehr als zwei Sinne bedienen. Es geht also darum, die Marke an möglichst vielen Points of Touch in Szene zu setzen und sie damit für Interessenten und Kunden wirklich erlebbar zu machen.

Wenn Sie ihre wichtigsten Kontaktpunkte zu einem multisensualen »Point of Experience« verwandeln, dann bieten Sie den Verbrauchern einen Ort voller unverwechselbarer, einprägsamer Markenerfahrungen und haben damit eine gute Chance, sich von Ihren Mitbewerbern abzugrenzen. Auf diese Weise bleiben Sie den Konsumenten trotz akuter Reizüberflutung in lebhafter Erinnerung. Diese Wahrnehmung ist die perfekte Basis für die nötigen Erfolgsstufen Ihrer Marke: Werterzeugung, Wertvermittlung, Wertschätzung und letztendlich Wertschöpfung.

3 Die Marke wirkt. Von innen nach außen

Markenaufbau ist Arbeit. Ich habe schon viele Inhaber, Vorstände, Geschäftsführer, Führungskräfte und Marketers gesehen, die dabei ins Schwitzen, Grübeln und Verzweifeln geraten sind. Die notwendigen Markenworkshops führen oft zu intensiven und emotionalen Diskussionen. Doch glauben Sie mir: Die Mühe ist es wert! Der wichtigste Erfolgsfaktor für eine Marke ist die Erkenntnis, dass Branding die Liebe zum Detail ist. Und genau durch diese Leidenschaft wird eine Marke lebendig. Am Ende dieses Prozesses steht die Marke und alle Beteiligten haben ein abgestimmtes, stimmiges und einheitliches Bild der Marke vor Augen. Und genau an dieser Stelle beginnt eine neue Herausforderung. Denn bis zu diesem Zeitpunkt haben nur die daran Beteiligten ein klares Markenbild und -verständnis. Nicht jedoch die anderen Marken-»Betroffenen«: die Mitarbeiter. Deshalb an dieser Stelle nochmals das Schaubild, was eine Corporate Identity (also eine Markenidentität) ausmacht:

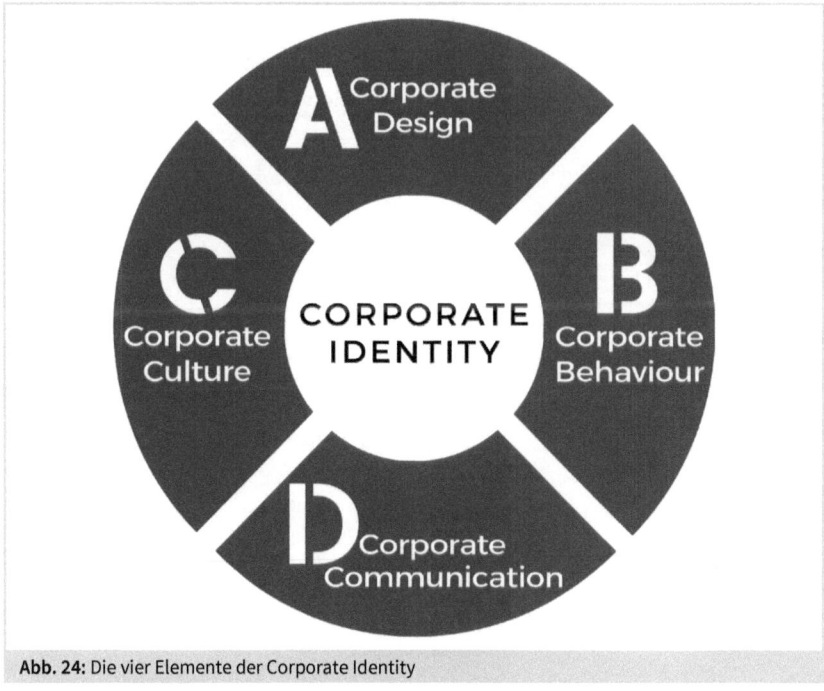

Abb. 24: Die vier Elemente der Corporate Identity

Die einzigartige Identität der Marke wird durch diese vier Bereiche geprägt:
1. Corporate Design
2. Corporate Behaviour
3. Corporate Culture
4. Corporate Communication

Der Bereich Corporate Design wurde bereits in Kapitel 2 behandelt. In diesem Kapitel geht es um die Bereiche Corporate Behaviour und Corporate Culture. Und damit um die Involvierung aller Unternehmensmitarbeiter.

Was die Marke mit Corporate Behaviour und Corporate Culture zu tun hat? Eine Marke ist nicht nur ein Konstrukt, um die Zielgruppe von dem Unternehmen und dem Produkt zu überzeugen. Eine Marke ist eine Haltung. Eine Haltung nach innen und außen.

Ein Beispiel: Nehmen wir an, ein Unternehmen hat den obersten Markenwert »Spaß«. Wahrscheinlich entwickelt es dann Produkte oder Dienstleistungen, die dem Kunden auf irgendeine Art Freude vermitteln soll. Vielleicht ein Spielehersteller. Im Unternehmen arbeiten Menschen, die dem Kunden (egal ob B2B oder B2C) täglich diesen »Spaß« vermitteln sollen. Wie kann das funktionieren, wenn der Mitarbeiter selbst keinen Spaß an der Arbeit hat? Keine Motivation? Oder gar kein Engagement an den Tag legt? Eine Marke ist auch eine Einstellung und Haltung, die nicht nur außen, sondern auch nach innen wirkt.

3.1 Corporate Behaviour: der Mitarbeiter als wichtigster Markenbotschafter

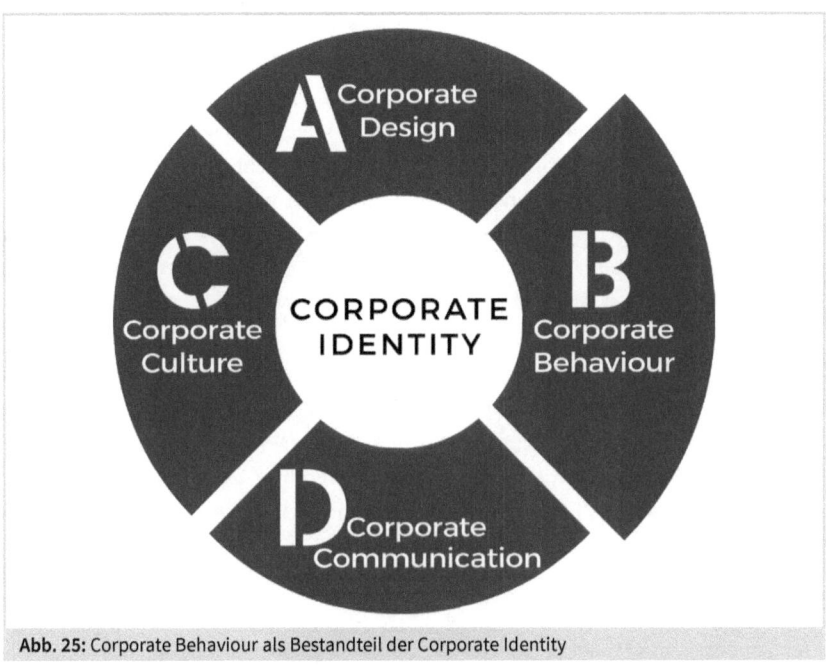

Abb. 25: Corporate Behaviour als Bestandteil der Corporate Identity

Während sich die meisten Unternehmen wie selbstverständlich mit dem Corporate Design auseinandersetzen, fällt das Corporate Behaviour – einfach ausgedrückt das Verhalten und das Auftreten der Mitarbeiter – meist hinten runter. Viele Unternehmen gehen davon aus, dass sie erwachsene (und kompetente) Menschen eingestellt haben, die schon wissen, wie man sich richtig zu verhalten hat. Und natürlich stimmt das auch. Bis zu einem gewissen Grad. Gehen wir noch mal einen Schritt zurück: Einige (auserwählte) Personen aus dem Unternehmen haben eine intensive Zeit hinter sich, in der sie in einem mühevollen Prozess das Markenbild erarbeitet haben. Die wichtigste Aufgabe ist nun, dieses Bild an alle Mitarbeiter zu kommunizieren und alle Bereiche zu involvieren. Im Idealfall (aus meiner Sicht Normalfall) bekommen auch alle Bereiche den Auftrag, die definierten Markenwerte für ihren Tätigkeitsbereich zu übersetzen. Zum Beispiel: Der oberste Markenwert lautet »Motivation«. Was bedeutet dieser Begriff nun für die Personalabteilung? Oder für das Controlling? Oder für

119

die Poststelle? Nicht nur Marketing ist dafür verantwortlich, dass es ein einheitliches Markenbild nach außen gibt. Jeder Bereich und jeder Mitarbeiter ist davon betroffen und mitverantwortlich. Markensensitive Unternehmen gehen sogar so weit, dass sie dies in der Zielvereinbarung der Mitarbeiter verankern.

Das Auftreten jedes Mitarbeiters prägt entscheidend das Image und das Erscheinungsbild eines Unternehmens. Warum? Ganz einfach: Jeder Mensch erinnert sich am besten an direkte Kontakte. Das bedeutet somit auch, dass sich jeder (potenzielle) Kunde am besten an den direkten Kontakt mit Ihren Mitarbeitern erinnert. Und selbst wenn Sie ein Unternehmen sind, das nur wenig (direkten) Kundenkontakt hat, so haben Sie doch Kontakt zu Dienstleistern, Lieferanten, externem Personal oder sonstigen Geschäftspartnern.

Spätestens wenn der Kunde (oder Dienstleister oder ein sonstiger Geschäftspartner) eine Reklamation oder Beschwerde hat, entscheidet das Verhalten Ihrer Mitarbeiter darüber, ob er Kunde (oder Dienstleister oder Partner) bleibt oder beim nächsten Mal doch lieber auf ein anderes Unternehmen zugreift. Das ist der Grund, warum auch dieser Aspekt (im Sinne der Markenführung) definiert werden muss.

Sie wissen ja: Jeder zwischenmenschliche Kontakt besteht aus verbaler und nonverbaler Kommunikation. Das bedeutet, dass jeder Unternehmensrepräsentant bei jedem Kundenkontakt das Markenbild prägt – ob beabsichtigt oder unbeabsichtigt. Er vermittelt also permanent Inhalte und Werte der Marke – bewusst oder unbewusst.

Beim Corporate Behaviour geht es also um das **Verhalten** zu den Kunden, zu den Geschäftspartnern, zu den Dienstleistern aber auch um das Verhalten untereinander. Deshalb unterscheidet man auch zwischen dem internen und dem externen Corporate Behaviour.

Beim **internen** Corporate Behaviour geht es um das Verhalten gegenüber Kollegen und Vorgesetzten, um die Hierarchien und das Betriebsklima. Ist Duzen z. B. üblich oder gar Pflicht innerhalb des Unternehmens? Gibt es ein 360°-Feedback über alle Hierarchien? Wie sind die Umgangsformen zwischen den Mitarbeitern und zwischen Mitarbeitern und Vorgesetzten?

Beim **externen** Corporate Behaviour geht es primär um die Ansprache der Kunden, um die Art der Beziehung zu den Kunden und um Marketingmaßnahmen. Duzt man den Kunden, wie es z. B. IKEA macht? Betrachtet man den Kunden als Gast oder als Freund? Werden auch Lieferanten mit Respekt behandelt oder sind sie nur Zulieferer?

Die Art, wie die Mitarbeiter miteinander umgehen und wie sie dem Kunden und dem Geschäftspartner gegenübertreten, prägt das Image nach außen. Jedes Unternehmen hat es in der Hand, dieses Auftreten so zu steuern, dass auch das gewünschte Image entsteht. Dabei geht es nicht darum, die Mitarbeiter zu erziehen, zu gängeln oder ihnen Sätze, Verhaltensweisen und Handlungen aufzuzwingen. Vielmehr geht es darum, das Markenbild bewusst zu steuern.

Bitte denken Sie daran: Nicht nur Broschüren, Website oder Verpackungen kommunizieren Ihre Marke und deren Werte. Der stärkste Botschafter und Repräsentant einer Marke sind die Mitarbeiter. Sie verkörpern die Marke beim Kunden und Geschäftspartner. Reden sie gut über das Unternehmen und die Produkte – auch im privaten Umfeld –, dann zählt das mehr als jede noch so kreative Werbeanzeige. Mitarbeiter sind somit die stärksten Multiplikatoren und Influencer für die Marke.

Übrigens: Untersuchungen zeigen, dass Mitarbeiter mit einer hohen Bindung an das Unternehmen oder die Marke einen größeren Umsatz erzielen als Mitarbeiter mit geringer Bindung. Das untermauert die Aussage, dass zufriedene und loyale Mitarbeiter das wertvollste Kapital eines Unternehmens sind. Je höher die Identifikation der Mitarbeiter mit dem Unternehmen und der Marke, desto höher ist ihr Engagement für die Marke und das Unternehmen. Identifikation ist also der Erfolgstreiber.

Für eine Identifikation mit der Marke und dem Unternehmen sind Schulungen unumgänglich. Selbst wenn sich ein neuer Mitarbeiter bereits wegen der Marke für Ihr Unternehmen entschieden hat, ist das kein Garant dafür, dass er alle Facetten der Marke und ihrer Positionierung kennt.

Die **Grundlage** zur Definition des Corporate Behaviour bildet wiederum die Markenpositionierung. Spätestens jetzt sollte deutlich werden, warum das erste Kapitel dieses Buchs das längste Kapitel ist. Wenn das Verhalten der Markenpositionierung widerspricht, dann kann kein authentischer und damit glaubwürdiger Außenauftritt entstehen. Wenn Sie z. B. »Aktivität« als Markenwert haben, so wird das auch im Corporate Behaviour erkennbar sein (müssen). Sie können keine trendigen Produkte erfolgreich verkaufen, wenn das Arbeitsklima noch einem mittelalterlichen Patriarchat gleicht.

Einige Tipps für ein gelungenes und bewusstes Corporate Behaviour:

- Involvieren Sie alle Führungskräfte und Bereiche aus dem Unternehmen und lassen Sie diese definieren, was die Markenpositionierung für ihren Bereich bedeutet und wie sie mit ihrem Verhalten (intern und extern) die Markenpositionierung unterstützen und (direkt oder indirekt) kommunizieren können.
- Davon ausgehend definieren Sie Regeln und Normen für alle Bereiche für das interne Verhalten und für alle »Points of Experiences«, also Momente, wo Externe das Unternehmen und damit die Marke »erleben«.
- Formulieren Sie die Regeln so genau wie möglich. Benutzen Sie also keine Allgemeinfloskeln wie »Seien Sie freundlich«, sondern erläutern Sie genau, was das in jedem Fall bedeutet. Am Telefon, im persönlichen Gespräch, auf der Messe, beim Betreten eines Ladens etc.
- Schulen Sie Mitarbeiter regelmäßig (am besten jährlich) mit dem Fokus auf den Umgang und ihre Wirkung auf den Kunden oder andere Externe. Vor allem neue Mitarbeiter.
- Vorgesetzte haben immer die Funktion eines Vorbildes – auch in diesem Fall.
- Keine Regeln ohne Überprüfung. Ermitteln Sie daher regelmäßig, ob und inwieweit die Regeln eingehalten werden. Und vor allem, warum sie eventuell nicht eingehalten werden (können). Dazu eignen sich z. B. interne Umfragen.
- Belohnen Sie Markenbotschafter und schaffen Sie Anreize, damit ein einheitlicher Außenauftritt gewährleistet wird. Zum Beispiel in Form von Zielvereinbarungen, Boni etc.
- Gute Kommunikation erhöht die Akzeptanz: Übergeben Sie nicht einfach die Regeln und Normen, sondern erläutern Sie die Notwendigkeit, damit alle gemeinsam einen konsequenten und starken Außenauftritt leisten und damit ein gutes, nachhaltiges Unternehmensimage aufbauen.

Das Entscheidende für die Akzeptanz ist eine sensible **Kommunikation**. Denken Sie bitte daran, dass Sie erwachsene Menschen vor sich haben. Es macht wenig Sinn, Mitarbeitern ein Verhalten »vorzuschreiben«. Sie brauchen das Commitment jedes Mitarbeiters, dass er sich an die vereinbarten Regeln (gerne und selbstverständlich) hält. Um ein Commitment zu erhalten, brauchen Sie das Verständnis und Einverständnis der Mitarbeiter. Machen Sie also Ihre Mitarbeiter zu Mitwissern. Im Einzelnen kann das bedeuten:

- Je früher Sie die verantwortlichen Führungskräfte/Bereiche involvieren und diesen die (neue) Markenpositionierung ausführlich und begeisternd vorstellen, je eigenverantwortlicher Sie diesen die Übersetzung der Markenpositionierung für ihren Bereich überlassen, desto höher wird die Akzeptanz Ihres Führungskreises, der wiederum unerlässlich ist, um die Akzeptanz aller Mitarbeiter zu erlangen.
- Je überzeugender die Kommunikation an alle Mitarbeiter, desto höher auch deren Akzeptanz und Umsetzungsbereitschaft.
- Das A und O einer überzeugenden, mitreißenden und begeisternden Kommunikation ist Ihre eigene Begeisterung und Überzeugung. Sind Sie davon begeistert und überzeugt, dann ist es leicht, andere davon zu überzeugen. Es gibt das schöne Zitat, das Aurelius Augustinus (354–430) zugeschrieben wird: »In dir muss brennen, was du in anderen entzünden willst.«
- Erläutern Sie ausführlich das Wofür, also den Sinn, der hinter diesen Regeln steht. Nur wer weiß, warum und wofür er etwas tun soll, kann das mit Überzeugung tun.

Noch mal: Da sich die Produkte (oder Dienstleistungen) immer weiter annähern und sich kaum mehr voneinander unterscheiden, muss der Kunde beim Kauf (oder auch bei der Reklamation) einen positiven Eindruck bekommen. Das schaffen Sie mit einem guten Corporate Behaviour. Denn zufriedene Kunden und Mitarbeiter sind der Schlüssel zum Erfolg Ihrer Marke.

Corporate Behaviour bezeichnet also den Verhaltenskodex eines Unternehmens. Das Corporate Behaviour ist jedoch nicht nur das Verhalten der Mitarbeiter, sondern das Verhalten des kompletten Unternehmens. Das kann sich auch äußern im:
- Preisverhalten: Wo haben Sie die Preise für Ihre Angebote angesetzt? Im Hochpreis- oder Niedrigpreissektor?
- Vertriebsverhalten: Über welche Vertriebskanäle bedienen Sie den Markt, wo präsentieren Sie Ihre Angebote?
- Sozialverhalten: Was tut Ihr Unternehmen außerhalb des originären Geschäfts? Sind Sie (als Unternehmen) in sozialen Projekten involviert? Welchen Beitrag zur Gesellschaft leistet Ihr Unternehmen? Und wie sozial verhält sich Ihr Unternehmen gegenüber Ihren Mitarbeitern? Gibt es z. B. Unternehmenskindergärten? Oder einen Reinigungsservice? Oder regelmäßig frische Obstkörbe? Oder die Möglichkeit von Homeoffice?

Noch eine Idee, um das Corporate Behaviour weiter in den Köpfen der Mitarbeiter zu verankern: Denken Sie darüber nach, was Ihre Mitarbeiter täglich sehen und/oder nutzen. Besteht dort die Möglichkeit, die wichtigsten Grundsätze abzubilden? Zum Beispiel als Startbildschirm auf dem Computer? Oder gedruckt auf der Rückseite der Mitarbeiter-Zugangskarte? Lassen Sie keine Gelegenheit aus, die Markenpositionierung, die Markenwerte, das Leitbild etc. allen Beteiligten immer wieder vor Augen zu führen. Denn eine Marke wirkt immer von innen nach außen. Vom Mitarbeiter zum Kunden.

3.2   Corporate Culture: Kultur ist Trumpf

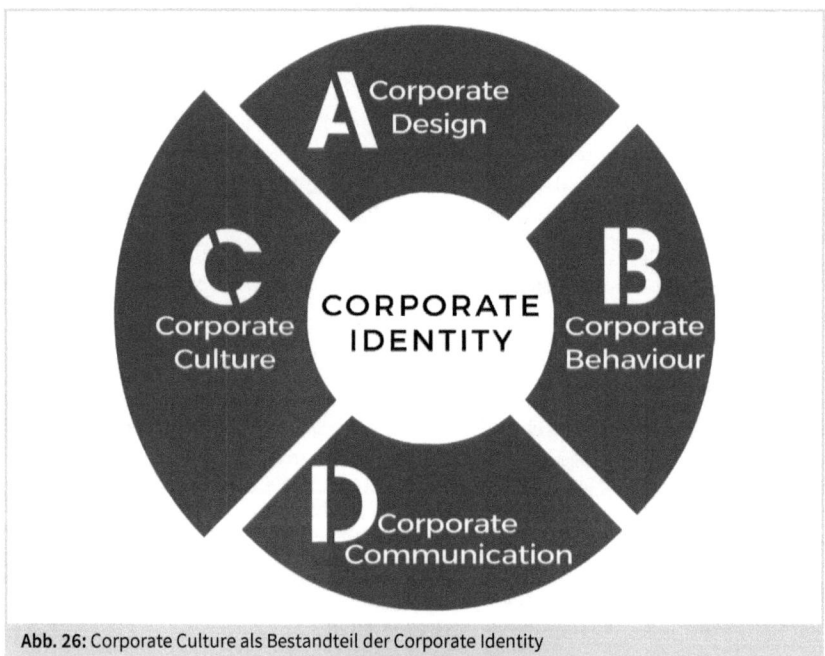

Abb. 26: Corporate Culture als Bestandteil der Corporate Identity

Im Gegensatz zum Corporate Behaviour geht es bei der Corporate Culture um die tatsächlich gelebte Unternehmenskultur und Tradition. Also weniger darum, ob man sich im Unternehmen duzt oder siezt. Das könnte auch eine Anordnung von »oben« sein, die kein Mitarbeiter und keine Führungskraft gut findet. Vielmehr geht es bei der Corporate Culture um versteckte Gedanken und das daraus resultierende Verhalten. Es geht also wieder um Verhaltensgrundsätze – allerdings im Bereich Mitarbeiterführung und Personalentwicklung – und um die Kommunikation untereinander (Meetingstil, Kritikfähigkeit, Umgangston).

Letztendlich ist die Corporate Culture also eine Sammlung von Werten, Normen und (inneren) Überzeugungen, die den Charakter und den Stil des Unternehmens begründen. Corporate Culture ist schwer steuerbar und entsteht (unbewusst und meist unbeabsichtigt) bereits bei der Gründung des Unternehmens. Im Laufe der Zeit entwickeln sich feste Werte, Normen und Rituale, die auch an neue Mitarbeiter weitergegeben werden. (»Das haben wir hier schon immer so gemacht.«)

In gewissen Grenzen ist die Corporate Culture anpassbar. Allerdings werden Anpassungen eher träge vollzogen. Eine rasche Änderung der Corporate Culture findet nur bei großen Veränderungen statt, z. B. wenn die Unternehmensführung wechselt, bei einer Fusion oder wenn sich der Firmeneigentümer ändert.

Wie beim Corporate Behaviour geht es auch in der Corporate Culture um Leitbilder und Werte, die mit den Markenwerten korrespondieren sollten. Wenn die Kluft zwischen der (unbewussten) Unternehmenskultur und den (bewusst definierten) Markenwerten zu groß ist, dann kann keine authentische und glaubwürdige Kommunikation (nach innen und außen) stattfinden.

Die Entwicklung der Unternehmenskultur findet quasi wie von selbst und von allein statt. Um den gerade aktuellen Zustand zu erkennen (und daraus dann die Zielkultur zu definieren), sind die folgenden Fragen hilfreich:

- Welcher Führungsstil herrscht im Unternehmen? Wie verhalten sich die Führungskräfte untereinander und zu den Mitarbeitern? Welche Werte leben sie vor?
- Welche Werte leben die Mitarbeiter? Wie verhalten sie sich zueinander und miteinander? Wie ist die Zusammenarbeit zwischen den Mitarbeitern – auch zwischen den einzelnen Unternehmensbereichen? Wie ist die Arbeitsmoral? Wie hoch ist das Engagement?
- Wie wird im Unternehmen kommuniziert? Wer kommuniziert an wen was und wann? Wie sprechen Mitarbeiter miteinander und was erzählen sie sich, wenn sie über die Führungskräfte kommunizieren?

- Wie wird das Unternehmen als Arbeitgeber beurteilt? Welche Bewertungen finden sich auf Arbeitgeber-Bewertungsportalen? Und wie wird das Unternehmen von der Presse beurteilt?

Wenn der aktuelle Zustand der Unternehmenskultur – z. B. durch interne Befragungen und Auswertungen externer Bewertungsportale – vorliegt, ist eventuell eine Anpassung/Änderung notwendig oder wünschenswert. Diese kann nur mit klaren, nachvollziehbaren und eindeutigen Handlungsanweisungen erfolgen, mit dem Commitment aller Führungskräfte, da diese als Vorbilder fungieren (müssen). Das Sprichwort »Der Fisch stinkt vom Kopf her« findet hier seine Anwendung. Diese Redensart wird oft verwendet, wenn die Führung schwere Fehler begeht oder umstrittene Entscheidungen bekannt gibt. Um einen Widerstand der Mitarbeiter vorwegzunehmen, ist es gerade bei einer Änderung der Unternehmenskultur unumgänglich, dass alle Führungskräfte mit dem angestrebten Zielzustand einverstanden sind und dies auch voller Engagement vorleben und unterstützen.

Es ist wichtig, zu verstehen (und zu akzeptieren), dass eine Unternehmenskultur nicht einfach angeordnet werden kann. Genau genommen ist es ein nie endender Prozess, da es sich bei einem Unternehmen um ein lebendiges System aus Menschen handelt. Jeder Neu-Zugang und jeder Weggang kann einen Einfluss auf die aktuell gelebte Kultur haben. Eine Änderung hin zu einer attraktiven Corporate Culture kann nur erfolgen, wenn alle Mitarbeiter aus allen Bereichen diese unterstützen.

Je attraktiver die Corporate Culture, desto angenehmer ist das Arbeitsklima, desto begehrter ist das Unternehmen als Arbeitgeber, desto höher ist die Mitarbeiterzufriedenheit und desto überzeugender sind die Mitarbeiter als Markenbotschafter. Doch auch eine Unternehmenskultur unterliegt langfristigen Trends. Waren früher noch Gehalt, Position und Statussymbole wie Firmenwagen oder Einzelbüro wichtig, so legen jetzt die jüngeren Arbeitnehmer immer mehr Wert auf eine gute Work-Life-Balance und Flexibilität wie z. B. Homeoffice.

Tipps für eine attraktive Corporate Culture:
- Flexibilität und Agilität als fester Bestandteil in der Unternehmens- und Kommunikationskultur
- Direkte und offene Kommunikation über alle Ebenen und in alle Richtungen

- Flexibilität für den Arbeitsplatz. Homeoffice, Desksharing, aber auch Arbeitszeiten. Egal, wer wann wo wie viel arbeitet. Am Ende muss nur das Ergebnis stimmen.
- Gemeinsam gestalten und gewinnen. Die Zeit der Einzelkämpfer ist vorbei. Alle ziehen an einem Strang in eine Richtung. (Bereichsübergreifende) Teams machen Projekte attraktiver und erfolgreicher.
- Wertschätzung für alle Mitarbeiter. Moderne technische Ausstattung, attraktive Sonderleistungen (wie Reinigungsservice, Kita etc.), gesunde Speiseangebote und individuelle Coachings sind heute eine Selbstverständlichkeit. Denn zufriedene Mitarbeiter sind das wichtigste Kapital eines Unternehmens.

Übrigens gehört auch der Dresscode zur Corporate Culture. Hier gilt es, ein gutes Mittelmaß zu finden, um dem Mitarbeiter das notwendige Maß an Freiheit zu geben, aber auch das Unternehmen korrekt nach außen zu repräsentieren. Jede Branche hat dafür eigene Regeln. Es gibt Unternehmen, die ihren Mitarbeitern völlige Freiheit lassen, sodass diese im Sommer mit Flipflops und Shorts kommen können; ihre Führungskräfte hingegen haben noch Anzug- und Krawattenpflicht. Andere Unternehmen geben einen strengen, markenkonformen Kleidungsstil in Form von Uniformen vor. Und wieder andere Unternehmen machen keinerlei Vorgaben. Der vorgegebene Kleidungsstil hat einen starken Einfluss auf die Unternehmenskultur und kann Werte und Normen unterstützen.

Corporate Culture ist also eine Ansammlung von Werten und Normen, die vom Unternehmen auch in eine bestimmte Richtung geändert werden kann. Um Werte und Normen nach außen zu kommunizieren, fehlt jetzt noch der vierte Bestandteil der Corporate Identity: die Corporate Communication.

In der **Corporate Communication** geht es um alle kommunikativen Maßnahmen und Instrumente, mit denen ein Unternehmen sich und seine Angebote den relevanten Zielgruppen präsentiert. Und genau darum geht es in dem nächsten Kapitel.

4 Wo bewegt sich Ihre Marke? Die Markenkommunikation

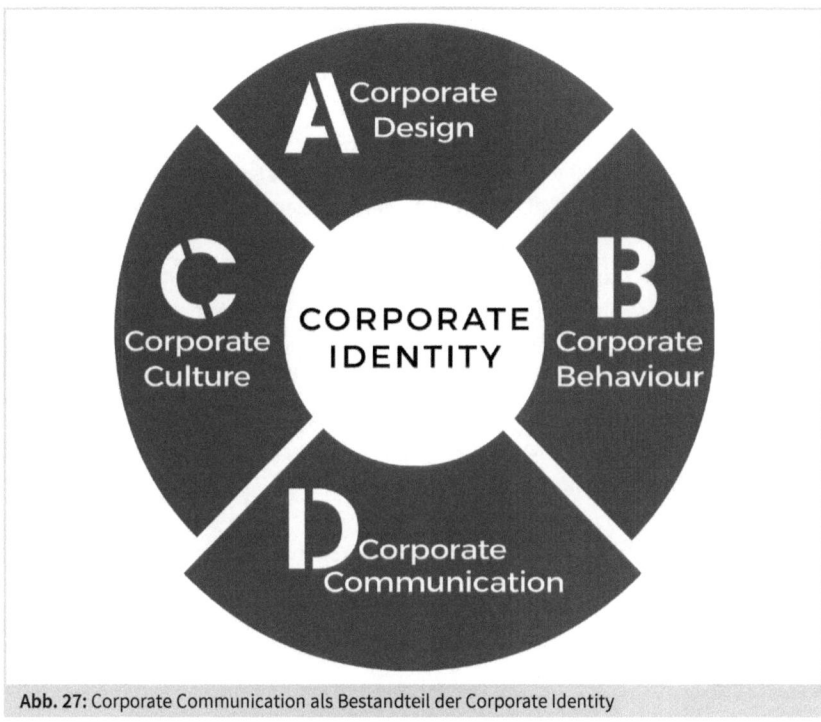

Abb. 27: Corporate Communication als Bestandteil der Corporate Identity

Dieses Kapitel widmet sich der Kommunikation. Die Aufgabe ist nun, Ihr Unternehmen und Ihre Angebote Ihrer Zielgruppe zu präsentieren. Und Ihre Markenpositionierung und -werte zu kommunizieren.

Die Vorarbeit ist getan: Das Markenprofil wurde definiert (Kapitel 1). Die Corporate Identity – bestehend aus dem Corporate Design (Kapitel 2), dem Corporate Behaviour und der Corporate Culture (Kapitel 3) – steht. Und in Kapitel 1 haben Sie bereits erste Grundsteine für die Kommunikation gelegt – in Form Ihrer Unternehmensstory und des Elevator Pitch. Nun geht es darum, zu definieren, was wann wo wie oft kommuniziert werden muss, damit es in den Köpfen Ihrer Zielgruppen verankert wird.

In der Unternehmenskommunikation vergrößert sich nun Ihre Zielgruppe. Denn nicht nur die primär definierte Kundenzielgruppe ist hier Adressat, sondern auch die Presse, die Öffentlichkeit, mögliche Investoren, Stakeholder und auch die Mitbewerber.

In der Kommunikation geht es immer um Inhalte. Gute Inhalte sind wichtig, aber nur ein Bestandteil. Denn mindestens genauso wichtig wie der Inhalt ist die Wahl des richtigen Kanals. An jeden Kanal ist eine gewisse Erwartungshaltung der Konsumenten geknüpft. Inhalte müssen also passend zum Kanal dargestellt und offeriert werden. Doch es geht nicht nur um einzelne Kanäle, sondern auch um den richtigen Kanal-Mix, der wiederum zu der Zielgruppe und der Zielsetzung der Kommunikation passen muss. Und dieser Mix ist nicht zuletzt auch vom zur Verfügung stehenden Etat abhängig. Alles zusammen ergibt eine spezifische Reichweite und Synergiemöglichkeiten über die Kanäle hinweg, z. B. die Möglichkeit einer Content-Wiederverwertung. Wie und wo trifft man nun die Zielgruppe in der richtigen Stimmung? Und wer ist eigentlich der Absender der Botschaft? Das Unternehmen? Der Inhaber? Ein Stellvertreter wie z. B. ein Testimonial oder eine virtuelle Figur wie Meister Proper? Was genau soll kommuniziert werden? Soll es ein Monolog oder ein Dialog sein? Welches Medium eignet sich für welche Botschaft?

Kurzum, die Frage lautet: Wer sagt was wann zu wem wie oft? Der Reihe nach und das Wichtigste am Anfang: die Botschaft.

4.1   Die Botschaft

Die beste Botschaft vorweg: Jede Nachricht ist eine Nachricht wert, wenn es wirklich eine Nachricht ist. Und den Kundennutzen enthält. Und Ihren USP kommuniziert. Und zur Zielgruppe passt. Aber Vorsicht: Jede noch so kleine Botschaft ist auch eine Botschaft. Im Zeitalter der Shitstorms kann ein kleiner Fehler schnell zu einem großen Problem werden. Deshalb noch ein wichtiger Tipp vorab: Was auch immer Sie kommunizieren, seien Sie leidenschaftlich und präsentieren Sie Ihr Unternehmen oder Ihr Angebot immer mit Engagement. Selbst wenn Sie lediglich kommunizieren wollen (oder müssen), dass sich etwas in der Unternehmensstruktur verändert hat, kann dies rein informativ und sachlich oder engagiert und leidenschaftlich sein. Wenn der Adressat Ihr Engagement und Ihre Leidenschaft (für das Unternehmen oder das Produkt) »spüren« kann, werden Sie ihn überzeugen.

Bereits jetzt haben Sie schon einige lohnenswerte Botschaften gesammelt: die Markenpositionierung mit den Kernkompetenzen, Kundennutzen, Produktnutzen und Markenwerten. Und daher gleich die zweitbeste Botschaft: Sie haben die wichtigste Botschaft bereits definiert: Ihren USP.

4.1.1   Wie und wo kommuniziert man den USP?

Der USP (also die Unique Selling Proposition, das Alleinstellungsmerkmal, das Unterscheidungskriterium) ist der Kern des Markenprofils. Und damit eine Ihrer wichtigsten Botschaften. Denn er ist der Grund dafür, dass der potenzielle Kunde genau Ihr Produkt bei Ihnen – und nicht beim Mitbewerber – kaufen will und wird. Und der Grund, dass sich ein Zufallskunde zu einem Stammkunden entwickelt und Sie gerne weiterempfiehlt. Eine der wichtigsten Grundregeln ist die konsequente Kommunikation der Einzigartigkeit. Denn wenn der USP nicht kommuniziert wird, gibt es für die Kunden keinen Anlass, Ihr Angebot zu bevorzugen. Der USP ist somit die Basis für alle Kommunikationsmaßnahmen, d. h., jede Kommunikation in Bezug auf das Unternehmen oder das Angebot wird um den USP aufgebaut. Je öfter Sie eine Botschaft wiederholen, desto besser wird sie erinnert. Es gibt im Marketing eine Regel, die besagt, dass ein Interessent eine Botschaft mindestens sechs Mal gehört oder gelesen haben muss, bevor er sie überhaupt wahrnimmt.

Und das beantwortet auch die Frage, die so oft gestellt wird: »Wie und wo kommuniziert man den USP?« Die Antwort lautet: einfach, immer, überall. Denken Sie dabei an den Satz von Konrad Lorenz (1903–89), österreichischer Verhaltensforscher: »Gedacht heißt nicht immer gesagt, gesagt heißt nicht immer richtig gehört, gehört heißt nicht immer richtig verstanden, verstanden heißt nicht immer einverstanden, einverstanden heißt nicht immer angewendet, angewendet heißt noch lange nicht beibehalten.« Das bedeutet, dass Sie den USP wirklich überall immer wieder auf die gleiche Art und Weise einheitlich kommunizieren. Und wenn Sie glauben, dass es nun genug ist, dann setzen Sie bitte noch eins drauf. Der USP gehört natürlich auf Ihre Website, in alle Flyer und Broschüren, im Idealfall (wenn es passt) auch auf Visitenkarten und natürlich auf alle Social-Media-Kanäle. Überall, wo man auf Ihr Angebot und Ihr Unternehmen trifft, sollte der USP genannt werden.

Möglicherweise ist es sogar sinnvoll, den USP als Claim zu nutzen? Überprüfen Sie an dieser Stelle bitte nochmals kritisch den definierten USP. Ist er realistisch? Ist er für die Zielgruppe relevant? Können Sie das Versprechen – auch längerfristig – einhalten?

Bekannte Beispiele für konsequent kommunizierte USPs sind Duplo (»die wahrscheinlich längste Praline der Welt«) oder Haribo (»Haribo macht Kinder froh und Erwachsene ebenso«) oder BMW (»Freude am Fahren«). Alle genannten Beispiele haben eines gemeinsam: Sie kommunizieren den USP konsequent einfach, immer, überall – in Wort und Bild. Deshalb ist es so wichtig, dass der USP auch langfristig anwendbar ist. Wenn Sie kein überdimensionales Werbebudget haben, wird es ein paar Jahre dauern, bis wirklich eine Verbindung zwischen Ihrer Botschaft und Ihrem Unternehmen stattfindet. Das ist auch ein Grund dafür, dass ein häufiger Wechsel der Botschaften wenig zielführend, sondern eher irreführend ist.

Wichtig dabei ist auch, dass der USP in einen Satz passt und in einer einfachen Sprache (passend zur Zielgruppe) formuliert ist. Es gibt immer wieder Beispiele für USPs, die mit viel Geld beworben wurden und trotzdem wenig erfolgreich waren. Zum Beispiel die Parfümeriekette Douglas mit dem Slogan »Come in and find out«. Eigentlich ein einfacher Satz, der den USP von Douglas (in etwa »Exklusive Kosmetik mit Erlebnischarakter«) kommunizieren sollte. Doch statt »Kommen Sie und finden Sie es heraus« wurde der Claim mit »Kommen Sie rein und finden Sie wieder raus« übersetzt. Der Lacher war so groß, dass der Slogan sehr schnell wieder geändert wurde. Der Schlüssel liegt also in der Einfachheit. Je einfacher und verständlicher der USP formuliert wird, desto besser. Wenn Sie ihn erklären müssen, ist die Formulierung falsch und alle Investitionen, ihn bekannt zu machen, sind vergeblich.

»Einfach, immer, überall« bedeutet, den USP so einfach wie möglich zu formulieren, aber auch, ihn immer wieder zu wiederholen, damit er sich manifestieren und eine Verbindung zum Unternehmen oder Produkt entstehen kann. Das muss nicht immer in Worten stattfinden, das kann auch in der Bildsprache erfolgen. Ein paar Beispiele dazu:

- Ein bekannter Energydrink stellt die Wirkung des Getränks in den Mittelpunkt. Somit wird die Produktwirkung zum Produkt-USP. Beworben wird das mit dem Ausdruck »... verleiht Flügel«. Diese Flügel werden nun in jedem Bild dargestellt.
- Im Bereich Hörgeräteakustik hat sich das Familienunterunternehmen KIND in erstaunlich kurzer Zeit zum Marktführer entwickelt. Der USP lautet in etwa »hochfunktionale, nahezu unsichtbare, unkomplizierte Hörgeräte, die Menschen

den Spaß am Leben zurückbringen«. In der Kommunikation stellt das Unternehmen seinen Namen in den Mittelpunkt. Mit »Ich habe ein KIND im Ohr« (und keiner merkt es) wirbt es konsequent seit dem Jahr 2010. Dazu sieht man fröhliche (jüngere bis ältere) Menschen, die offensichtlich Freude am Leben haben. Auf den Werbebildern findet man den Claim immer in der Nähe des Ohrs.

• Jahrelang stellte das Unternehmen Mediamarkt den Kundennutzen in den Fokus seiner Kommunikation – mit dem Slogan »Ich bin doch nicht blöd«, den es in übergroßen Lettern auf den bekannten roten Hintergrund schrieb. Der USP lautete: »Größte Auswahl zu den besten Preisen«. Und noch heute ordnen viele Personen diesen Slogan dem richtigen Unternehmen zu. Aus diesem Slogan wurde ein geflügeltes Wort, das sich immer öfter im alltäglichen Sprachgebrauch fand. Heute hat das Unternehmen einen neuen USP. Denn der Trend der Digitalisierung hat den bisherigen USP überholt. Überraschend viele Menschen bestellen heute (große und kleine) Technikartikel über das Internet, denn dort findet man eine weit größere Auswahl zu oft noch besseren Preisen. Ein gutes Beispiel dafür, dass Trends zu einer Änderung des USPs führen können.

Die wichtigste Regel für die Kommunikation des USPs ist also: »einfach, immer, überall«. Sogar in Pressemitteilungen oder (vermeintlich) rein sachlichen Informationen.

Der Idealzustand einer Kommunikation ist natürlich, wenn sich der Name des Unternehmens oder des Angebots quasi verselbstständigt und in den alltäglichen Sprachgebrauch übernommen wird. Dazu braucht es jedoch einen sehr langen Atem, ein hohes Kommunikationsbudget und eine andauernd hohe Kontaktfrequenz. Und (zumindest zeitweise) eine Art Monopolstellung in einem begehrenswerten Markt. Und auch ein wenig Glück. Hier ein paar Beispiele:

• Die wenigsten Menschen fragen nach einem Papiertaschentuch. Stattdessen kommt die Frage: »Hast du mal ein Tempo?«
• Wer »sucht« heute schon etwas im Internet? Heute »googelt« man.
• Sie suchen einen Lebenspartner? Dann »parshippen« Sie doch.

Allerdings können derartig großartige Erfolge bei mangelnder Pflege wieder einschlafen. Nur noch wenige Menschen, die etwas kleben wollen, fragen nach »UHU«.

Rund um den USP, der – zumindest in der werblichen Kommunikation – immer im Mittelpunkt stehen sollte, gibt es ein paar wirklich kreative und originelle Umsetzungen, die ich Ihnen zur Inspiration gerne wieder ins Gedächtnis rufen möchte:

- IKEA hat in etwa den USP »Erschwingliche Möbel und Wohn-Accessoires zum selbst Zusammenbauen verbunden mit einem großartigem Einkaufserlebnis«. Eine originelle Kommunikation war der IKEA Pinkelrabatt: Auf einer Anzeige war ein Schwangerschaftstest integriert. War der Test positiv, so erhielt der Kunden einen Rabatt auf ein Babybett. Der USP (v.a. der Teil »erschwingliche Möbel«) wurde hier passgenau auf die kostenintensive Erstausstattung werdender Eltern zugeschnitten.[30]

- VOLVO mit dem USP »Ein Hersteller von Fahrzeugen, die für ihre Sicherheitsstandards und ihren klassischen Stil bekannt sind« präsentierte das neue Lenksystem für Trucks mit einem spektakulären Stunt, der innerhalb kürzester Zeit zum viralen Hit wurde. Zu sehen waren zwei Trucks und dazwischen Jean-Claude van Damme mit seinem weltberühmten Spagat – zwischen zwei Trucks, mit einem Fuß jeweils auf einem Außenspiegel der Trucks und offensichtlich total unbeeindruckt von der Situation.[31]

- KOHBERG ist der größte dänische Brot- und Backwarenhersteller. Um sein Engagement für die »Dänische Gesellschaft für Brustkrebsvorsorge« aufmerksamkeitsstark zu vermarkten, entwickelte er eine besondere Verpackung für seinen Bestseller. Je zwei Roggenbrötchen wurden in eine Verpackung gepackt, sodass die Brötchen wie zwei Brüste aussahen, die in einem rosa BH lagen.[32]

Noch mal: Jede Nachricht kann zu einer Botschaft werden. Ob es eine reine Unternehmensnachricht ist, ein Produktnutzen, eine Erfolgsstory, eine Rabattaktion oder ein soziales Engagement. Niemals jedoch sollte man den USP bei der Botschaft vergessen. Wenn er nicht im Mittelpunkt steht, so sollte er zumindest am Ende der Botschaft als Abbinder platziert werden.

---

30   https://www.horizont.net/agenturen/nachrichten/Ungewoehnliche-Printanzeige-Warum-Ikea-Frauen-auffordert-auf-ein-Magazin-zu-urinieren-163894
31   https://www.eurotransport.de/artikel/volvo-trucks-gewagter-stunt-mit-jean-claude-van-damme-6519365.html
32   https://thedieline.com/blog/2011/10/24/kohberg.html

4.1.2   Welche Sprache spricht die Marke?

Jede Nachricht braucht Worte. Worte, die nicht nur die Information transportieren, sondern auch Worte, die dem Text einen eigenen Charakter schenken und bei der gewünschten Zielgruppe gut ankommen. Das bedeutet: Jede Marke braucht eine eigene Sprache. Eine Tonalität, die sie unverwechselbar macht.

Die Markentonalität muss dem Charakter einer Marke entsprechen und somit Attribute vermitteln, die mit einer Marke verbunden werden sollen, z. B. jugendlich, stylish, sportlich, traditionsreich oder selbstbewusst. Ziel ist, mit der richtigen Wahl der Worte Emotionen und komplette Gefühlswelten aufzubauen. Um noch einmal das Beispiel von Nivea aufzunehmen: Nivea hat eine Tonalität definiert, die auf den Konsumenten jung und zeitgemäß, zugleich aber auch traditions- und qualitätsbewusst und vertrauenswürdig wirkt. Nivea ist immer sehr persönlich, verwöhnt die Haut und schenkt sogar Liebe. Markentonalität beantwortet also die Frage »Wer ist die Marke?« und aus Sicht der Verbraucher »Wie fühle ich mich dabei, wenn ich die Marke höre oder sehe?«.

Sie wissen ja bereits, dass ich gerne mit dem Personenmodell arbeite. Wenn Ihre Marke also ein Mensch wäre, wie würde sie sprechen? Hat sie einen Dialekt? Spricht sie den Kunden mit Du oder Sie an? Verwendet sie viele Fachbegriffe oder englische Begriffe? Spricht sie männlich oder weiblich? Und welche Emotionen werden durch die Sprache beim Verbraucher geweckt?

Neben dem Aufbau von Emotionen garantiert eine definierte Tonalität auch, dass jegliche Kommunikation der Marke so wirkt, als ob sie aus einer einzigen Quelle stammt. Eine Stimme, die konsequent über alle Kommunikationskanäle hinweg spricht. Im Web, in Social Media, auf Werbeanzeigen und -bannern und auch in PR-Maßnahmen. Verändert sich die Stimme (also die Tonalität), so sorgt das für Verwirrung bei Kunden und Interessenten und kann zu Vertrauensverlust führen.

Die Sprache der Marke wird bestimmt durch:

- Demografie und Anforderungen der Zielgruppe, also Alter, Geschlecht, Bildung, Einkommen, Werte und Interessen
- Das Umfeld, auf dem sich die Marke bewegt, also Mitbewerber, Konkurrenzdruck, länder- und branchenspezifische Besonderheiten

- Die Ziele, die mit der Markenstrategie verfolgt werden
- Das Budget, das die Marke für die Kommunikation zur Verfügung hat
- Die Positionierung der Marke, vor allem die Markenwerte
- Die Kultur des Unternehmens selbst

Trends in der Gesellschaft und in der Sprache (legendär das Jugendwort 2017 »i bims« für »Ich bin's«) können ebenfalls Einfluss auf die Markentonalität haben. Heute wird mit Sicherheit anders gesprochen als noch vor 50 Jahren. Auch die Verbraucher sind selbstbewusster und selbstbestimmter geworden. Und Werbung will sowieso kein Verbraucher mehr hören oder sehen. Deshalb konzentrieren sich Unternehmen und Marken jetzt auf (hilfreichen und wertvollen) Content, d. h., sie stellen Verbrauchern Informationen zur Verfügung, die diese problemlos und zu jeder Zeit online recherchieren können. Damit stehen sie den Konsumenten als Berater und Problemlöser zur Verfügung. Auch dafür brauchen Marken eine (definierte) Stimme und Sprache, die sich durch die Wortwahl und den Sprach- und Schreibstil ausdrückt.

Am Ende geht es bei einer Marke immer ums Verkaufen. Aber die Art und Weise des Verkaufs ändert sich immer wieder. Konnte man früher Konsumenten mit Werbung geradezu verführen, so brauchen Marken heute Überzeugungskraft, Kompetenz und Persönlichkeit.

Apropos Persönlichkeit: Es lohnt sich, hier wieder auf das Markenpersonen-Modell zurückzugreifen. Sie haben ja bereits die komplette Markenpositionierung erstellt, in der sich auch die Markenwerte wiederfinden. Die Zielgruppe und die Markenwerte bilden die Basis für die Definition der Markensprache. Für die Tonalität braucht es noch Kommunikationswerte, die von den Markenwerten abweichen können. Gehen Sie an dieser Stelle nochmals die Liste der Markenwerte durch, die Sie im Brainstorming erarbeitet haben. Sind bei den aussortierten Werten passende für die Tonalität dabei? Weil Sie z. B. einen anderen Wert für die Markenpositionierung priorisiert haben? (Oder Sie downloaden die Markenwerteliste auf der Arbeitshilfen-Online-Site und suchen auf dieser Liste die passenden Tonalitäts- und Kommunikationswerte.)

Ein Beispiel: Sie haben eine Marke für eine jugendliche Zielgruppe? Dann könnten die Werte »modern«, »spaßig«, »lebendig« und »freundlich« sein. Sie haben eine Marke im Beratungssektor? Dann könnten die Werte »kompetent«, »zuverlässig«, »entspannt«, »seriös« und »wertschätzend« lauten.

Klassische und typische Kommunikationswerte sind:

frech || trocken || elitär || humorvoll || rational || trendig || unterstützend || kompetent || traditionell || freundlich || modern || elegant || spaßig || lustvoll || lebendig || kreativ || informativ || entertainig || emotional || inspirierend || intelligent || mitreißend || nachdenklich || direkt || jung || rebellisch || witzig || seriös || charmant || augenzwinkernd || bildhaft || blumig || schnörkellos || persönlich || ehrlich || bodenständig || visionär || bescheiden || zuverlässig || wertschätzend

Definieren Sie nun drei bis (maximal) fünf Werte, um die angestrebte Tonalität in Worte zu fassen – und sich gleichzeitig nicht zu sehr einzuschränken. Je klarer und unmissverständlicher die Tonalität definiert wurde, desto einfacher fallen später Textentscheidungen. Daher müssen die Werte nun noch genau definiert werden, denn unter »kreativ« z. B. versteht jeder etwas anderes. Auch eine Eingrenzung wie z. B. »seriös, aber nicht trocken« oder »humorvoll, aber nicht stillos« kann später Mitarbeitern oder auch externen Dienstleistern helfen, die richtige Sprache, die passenden Worte und die überzeugende Stimme zu finden.

Egal ob für B2B oder B2C: Fünf Werte reichen aus, um eine Markentonalität zu charakterisieren. Denn Sie brauchen auch eine gewisse Bewegungsfreiheit in der Markensprache, um sich dem jeweiligen Medium anpassen zu können. Die Tonalität wird von Medium zu Medium und von Fall zu Fall variabel sein. Eine Produktneueinführung werden Sie sicher etwas anders formulieren (Wortwahl und Sprachcharakter) als die Aktualisierung Ihrer AGBs. Online müssen Texte ein wenig kürzer und auch einfacher sein als offline, um den inneren Lesewiderstand so gering wie möglich zu halten. Auch innerhalb der Online-Medien gibt es Nuancen: So kann man in den sozialen Medien etwas informeller sprechen als auf der eigenen Website.

Noch ein wichtiger Hinweis: An dieser Stelle lohnt es sich, darauf hinzuweisen, dass die Unternehmenstonalität natürlich eine ganz andere Tonalität als die der Marke sein kann – besser gesagt: sein muss. Die Gründe dafür liegen auf der Hand:

- Ein Unternehmen kann mehr als eine Marke haben, die sich an unterschiedliche Zielgruppen in unterschiedlichen Märkten richten.
- Das Unternehmen spricht mit der Öffentlichkeit, Stakeholdern, Investoren, Geschäftspartnern und der Presse und vielleicht auch für mehrere Marken gleichzeitig.
- Manche Marken sind bewusst trendig oder sprechen ihre Zielgruppe auch mal provokanter an. Das Unternehmen selbst ist jedoch immer neutral, seriös, beständig und vertrauensbildend.

Letztendlich muss die definierte Markentonalität zur Marke und zu ihrer Positionierung passen und darf nicht künstlich und aufgesetzt wirken. Vielmehr sollte sie so authentisch wie möglich sein. Sonst verliert sie an Überzeugungskraft.

4.1.3   Authentizität als innerer Kompass

»Sei einfach nur authentisch!« Das scheint derzeit die geheime Zauberformel einer erfolgreichen Kommunikation zu sein. Doch sind wir mal ehrlich: Wer kann und will schon zu jeder Zeit »wahrhaftig« sein? Jede Person und jedes Unternehmen kennt doch diesen Moment, in dem man am besten zu einer kleinen Notlüge greift, um besser dazustehen. Oder?

Was bedeutet Authentizität für Ihr Unternehmen? Und ihre Kommunikation? Und für die Markenführung?

Authentizität kann man als Gegenteil von Täuschung und Fälschung sehen, als bedingungslose »Echtheit«, als sich nicht »verbiegen« müssen. Deshalb kann Authentizität in der Kommunikation (egal ob in Wort oder Bild) für die Markenführung zweierlei bedeuten:

- Man zeigt das Unternehmen oder das Produkt so, wie es ist, und gaukelt nicht vor, was es nicht ist.
- Man zeigt authentische Situationen aus der Lebenswelt der Kunden.

Aber ist das wirklich machbar? Kommen die Bilder mit den (Nicht-)Models von Dove wirklich komplett ohne Photoshop aus? Stehen für den Optiker Fielmann wirklich zufällig Personen in der Innenstadt spontan vor der Kamera und schwärmen vom guten Preis und der guten Qualität? Sicher nicht! Authentizität ist keine Realität. Es ist ein Gefühl. Und genau darum geht es: Jeder weiß, dass Werbung immer inszeniert, gestellt und im Nachgang »optimiert« ist. Und trotzdem gelingt es einigen Unternehmen, den Menschen das Gefühl zu geben, dass es echt ist.

Wie z. B. ThermaCare: Menschen wie Sie und ich sitzen gemütlich zu Hause auf ihrer Couch und sprechen darüber, wie gut ihnen die Schmerzsalbe geholfen hat. Würde man die Szenerie von der Couch aus betrachten, sähe man das komplette Kamerateam. Und trotzdem bekommt der Betrachter das »Gefühl«, inmitten des Wohnzimmers von Ihnen und mir zu sein. Der Spot ist damit glaubwürdig. Somit ist also **Glaubwürdigkeit** der Erfolgsfaktor. Nicht bedingungslose Authentizität.

Die Schmerzsalbe Kytta praktiziert das Gegenteil von authentischer Werbung und hat damit einen unglaublichen (Umsatz-)Erfolg. Kytta wirbt mit einem Indianer, der alle Klischees der westlichen Welt erfüllt (und doch so niemals existiert hat). Stichwort: »Ein Indianer kennt keinen Schmerz.« Das liegt – nach Aussage des Spots – an der Kytta Schmerzsalbe. Und tatsächlich: Kytta ist ein pflanzliches Schmerzmittel aus der Beinwell-Wurzel, die wiederum als traditionelles Heilmittel der Indianer gilt. Das Ergebnis: Die Werbung war so glaubwürdig, dass der Umsatz und die Bekanntheit der Marke sprunghaft angestiegen sind.

Natur und Heilkraft – darauf baut Kytta seit über 75 Jahren. Und diesen Werten bleibt Kytta bis heute treu. In gewisser Weise ist Kytta damit authentischer als viele andere Marken und Unternehmen. Denn: Die Werte stehen fest. Sie dienen dem Unternehmen als **innerer Kompass**. Nicht mehr und nicht weniger.

Also: Da bedingungslose »Echtheit« nicht realistisch ist und die Unternehmen glaubwürdig sein müssen (um Kunden zu finden und zu binden), müssen Unternehmen erst einmal ihre Hausaufgaben erledigen: den visionären Kern der Marke und der Produkte erarbeiten. Die gute Nachricht ist: Das haben Sie bereits in Kapitel 1 getan.

Authentizität ist kein Heilsbringer, aber sie ist so etwas wie ein innerer Kompass. Das bedeutet: Die Authentizität (und damit meine ich echte Werte, Einstellungen, Überzeugungen) ist ein existenzieller Baustein und dient als Leitlinie für die Botschaften einer Marke.

4.2 Die Kanäle

Mit der Auswahl der Botschaft und der Sprache sind die ersten Grundlagen der Markenkommunikation getan. Jetzt geht es um die Auswahl der Kommunikationskanäle. Und gerade diese Kanäle haben sich in den letzten Jahren dramatisch geändert und ändern sich immer noch. Während Printmedien, TV, Radio oder Kino für Unternehmen in der Vergangenheit Standard und sozusagen Pflicht waren, sind es heute die Online-Kanäle (von Web bis Social Media). Egal ob es um Information oder Werbung geht. Folgendes Zitat unterstützt diesen Trend: »Wir lesen seit Jahren keine Printmedien mehr, deshalb war manches ein Kulturschock, etwa das abgedruckte Fernseh- und Kinoprogramm.«[33]

Online in allen Formen hat Offline also schon längst überholt. Und innerhalb der Online-Kanäle hat das Mobile Internet (2016: 15,2 Prozent; 2019: 27,0 Prozent) auch das Desktop Internet (2016: 18,9 Prozent; 2019: 14,7 Prozent) abgelöst.

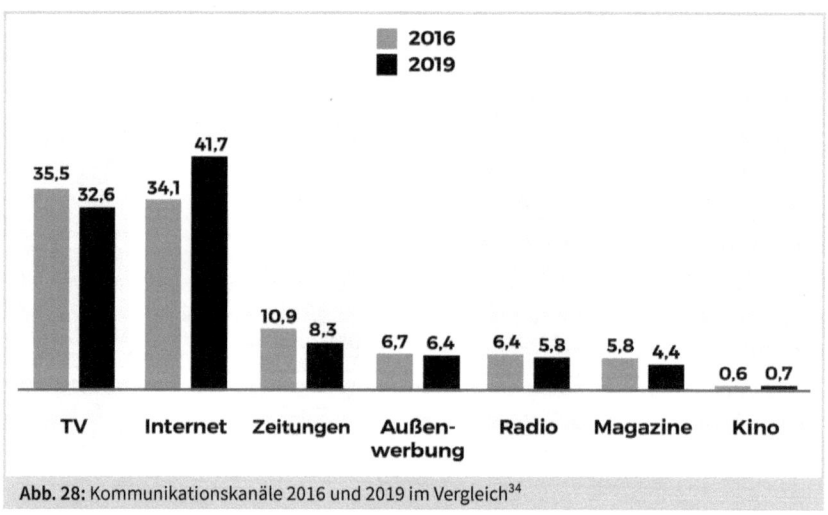

Abb. 28: Kommunikationskanäle 2016 und 2019 im Vergleich[34]

Natürlich handelt es sich bei der Grafik um die Werbeausgaben, also um das Budget. Das macht diese Statistik allerdings umso aussagekräftiger und anschaulicher:

---

33 Rezo, 2019
34 Vgl. https://www.wuv.de/medien/werbung_im_social_web_ueberholt_print und https://de.statista. com/infografik/5101/anteil-der-medien-an-den-werbeausgaben/

Denn während ein TV-Spot (30-Sekünder) in der einmaligen Ausstrahlung in der Primetime schon mal bis zu 60 000 Euro kosten kann, bekommt man online für diesen Preis eine deutlich häufigere Ausstrahlung. Das bedeutet, dass die Kontakthäufigkeit online viel höher ist und Online-Werbung insofern günstiger ist.

Doch obwohl Internet nun erst einmal weniger Budget frisst, sind diese Medien natürlich nicht wirklich miteinander zu vergleichen, da sich das Verhalten der Konsumenten bei den Medien deutlich unterscheidet. Sind wir mal ehrlich: Kein Mensch freut sich über Werbung. Im TV (wenn man es denn überhaupt noch in Echtzeit betrachtet) nutzt man die Pause schon mal, um Nachschub an Getränken oder Snacks zu besorgen, während man online unwillkürlich schnellstens das (X) für Schließen der Werbung sucht, findet und drückt. Oder von vornherein Popups und Mitteilungen unterdrückt. Wenn man dagegen einen Artikel in der gedruckten Zeitung lesen möchte, nimmt man sich automatisch Zeit und setzt sich gemütlich hin. Sucht man hingegen online in einer Suchmaschine etwas Bestimmtes, stört jeglicher nicht passende Inhalt gewaltig.

Die Intensität der Wahrnehmung des Inhalts hängt also stark vom Medium ab, von der Zielgruppe und ihren Erwartungen, aber auch vom genutzten Gerät. Denn nicht alle Endgeräte können z. B. ein Video in guter Qualität abspielen. Und: 87 Prozent der Nutzer gehen bereits über Handy und Smartphone ins Internet.[35]

Die passende Auswahl des Kanals beziehungsweise der richtigen Medien hängt von der Zielgruppe, dem Kommunikationsziel und dem zur Verfügung stehenden Budget ab. Eine Fokussierung auf einen einzigen Kanal ist insofern nicht empfehlenswert, als man damit auf die notwendige Reichweite und die Synergien verzichtet. Wichtig ist, den Kunden auf ihrer Customer Journey so oft wie möglich zu begegnen, damit sich die Inhalte und die Marke in den Köpfen der Consumer verankern können. Das Erleben einer Marke ist heute facettenreicher denn je. Ohne soziale Netzwerke kommt kein Unternehmen mehr aus (auch nicht B2B). Vor allem die Touristikbranche und die Gastronomie wissen, was das bedeutet: Was nicht »insta-fähig« ist, bekommt keine Aufmerksamkeit. Andererseits ist und bleibt das Interesse an Nachrichten hoch. Aber die Wege der Informationsbeschaffung haben sich geändert. Und

---

35 https://statista.com/statistik/daten/studie/912595/umfrage/internetnutzung-nach-endgeraeten-in-deutschland/

daraus wiederum ergeben sich immer wieder neue Platzierungsmöglichkeiten für (Unternehmens-)Nachrichten und Werbung.

Hier ein Überblick über die einzelnen Medien mit ihren Vor- und Nachteilen:

Print

Auch wenn Print immer wieder für tot erklärt wird und sich die Verlage derzeit schwertun und sich immer wieder neu erfinden müssen, gelten derzeit noch folgende Vorteile:

- Print besitzt immer noch eine hohe Glaubwürdigkeit.
- Print hat nach wie vor eine hohe Reichweite und wird (Stichwort Lesezirkel) mehrmals verwendet und gelesen.
- Artikel können im richtigen Umfeld positioniert werden.
- Print besitzt ein relativ gutes Kosten-Nutzen-Verhältnis, vor allem wenn Sie hohem Wettbewerbsdruck ausgesetzt sind.
- Print eignet sich für seriösen Content genauso wie für Kreatives.
- Durch QR-Codes und Web-Links eignet sich Print gut für cross-medialen Content.

Nachteile von Print:
- Zeitliche und örtliche Begrenzung
- Vorlaufzeiten durch Druck und Verbreitung
- Begrenzter Raum (Formate, Seitenanzahl, Zeichen)
- Was einmal gedruckt ist, kann nicht mehr geändert werden.
- Die Zielgruppe der regionalen Tageszeitungen liegt bei Menschen über 50.

TV

Liegt ein entsprechend hohes Budget vor, so ist TV nach wie vor ein beliebter Kanal, um auf ein Produkt aufmerksam zu machen.

Vorteile:
- TV ist nach wie vor ein Massenmedium und hat damit einen hohen Verbreitungsgrad.
- Gleichzeitige Optik und Akustik garantieren eine hohe Aufmerksamkeit, steigern die Merkbarkeit und können die Zuseher schnell emotional ansprechen und binden.
- Das Umfeld sichert eine spezifische Zielgruppe.
- Immer neue Formate, um die Zuseher zu motivieren dranzubleiben (z. B. »nur 1 Spot«)

Nachteile:

- TV-Werbung wird entweder als störend empfunden oder als willkommene Pause, um z. B. für kulinarischen Nachschub zu sorgen.
- Immer weniger Zuseher nutzen Echtzeit-TV. Im Moment tun sich die TV-Anstalten noch schwer, die Werbeausstrahlung zu garantieren, wenn sich die Zuseher die Beiträge in der Mediathek ansehen.
- Starke Konkurrenz durch Amazon Prime und Netflix (werbefrei)
- Keine garantierte konkurrenzlose Platzierung innerhalb eines Werbeblocks
- Hoher finanzieller Einsatz (Produktion und Ausstrahlung)

Kino

Zugegeben: Auch das Kino kämpft mit der Akzeptanz und schwindenden Besucherzahlen. Mit neuen Formaten und Kino-Experiences versuchen sie, wieder mehr Akzeptanz zu erhalten.

Vorteile:

- Da der Zuschauer quasi an seinen Sessel »gefesselt« ist, ist die volle Aufmerksamkeit nahezu gesichert.
- Jeder Besucher ist auf die vorgeschaltete Werbung eingestellt und hat damit eine offene Haltung und hohe Aufnahmebereitschaft für die Werbung.
- Sehr gute regionale und lokale Steuerung und daher bestens geeignet für Produkte und Angebote aus der unmittelbaren Umgebung.
- Hohe Zielgruppenspezifizierung (Familienfilm, Kinderfilm, Actionfilm)
- Gute Möglichkeit der Verknüpfung von Promotions vor Ort
- Kreative Gestaltungsmöglichkeiten durch 3D-Effekte, Soundeffekte und die Größe der Leinwand

Nachteile:

- Begrenzung der Reichweite durch begrenzte Zuschauerzahl und lokale Ausstrahlung
- Die Zielgruppe schwankt stark entsprechend dem Filmgenre.
- Im Vergleich zu anderen Medien hohe Investition pro Kopf
- Wenn im Anschluss an die Werbung ein sehr starker Film läuft, besteht die Gefahr, dass die Werbung schnell wieder vergessen wird.

Radio

Auch das Medium Radio wurde schon öfter für tot erklärt. Dank Smartphones und intelligenter Apps hat dieses Medium jedoch den Umschwung geschafft. Im Schnitt hören die Deutschen vier Stunden täglich Radio. Damit ist Radio ein starkes Medium, das auch unterwegs (z. B. im Auto) ein beständiger Begleiter ist.

Vorteile:

* Radiowerbung hat eine höhere Akzeptanz als andere Werbung.
* Wortwörtlich können durch das Radio Ohrwürmer – speziell von Jingles – entstehen.
* Eine gute Kombination von Stimme, Musik und Botschaft kann Emotionen wecken.
* Ein Zapping findet hier kaum statt.

Nachteile:

* Fehlende Bilder, sodass nur über ein Sinnesorgan die Werbung aufgenommen wird

Online

Auch wenn der Netzausbau speziell in Deutschland noch nicht den internationalen Standard erreicht hat, sind doch über 76 Prozent der deutschen Haushalte mehrfach täglich im Internet unterwegs. Googeln und die Nutzung von Smartphones und Tablets unterwegs sind heutzutage nicht mehr wegzudenken.

Vorteile:

* Informationen in Echtzeit mit der Möglichkeit, sie jederzeit zu ändern oder zu ergänzen
* Nutzung von Bild, Text, Video und Ton
* Zielgruppenspezifische Auslieferung der Inhalte
* Praktisch endloser Platz zur Content-Darstellung
* Sehr gute Messbarkeit von aussagekräftigen Werten wie Page Impressions, Verweildauer, Unique User, Linkpfade etc.
* Möglichkeit der Interaktion bis zur tatsächlichen Conversion Rate
* Chance und Herausforderung zugleich: die Suchmaschinenoptimierung
* Im Vergleich zu den anderen Medien: geringer Budgeteinsatz und höchste Flexibilität

Nachteile:
- Nutzer sind genervt von Content oder Popups.
- Geringste Verweildauer durch schnelles Wegklicken
- Unbekannte und sich ständig ändernde Algorithmen. Mit diesen Algorithmen lenken die Portale die Auslieferung der Nachrichten und Werbungen. Nachrichtenportale z. B. steuern die Inhalte nach der Interaktion der Nutzer: Je höher das Interesse, desto weiter nach oben rutscht die Nachricht.

Social Media
Obwohl Social Media ein Bestandteil von online ist, ist der Einfluss doch so groß geworden und die Eigenschaften derart besonders, dass es sich lohnt, einen eigenen Punkt dafür anzulegen. Das Besondere an diesem Medium ist, dass die Nutzer in den Dialog einsteigen – sei es in Form von Foren, Blogs, Bewertungen, eigenen Filmen oder Kommentaren. Und damit erzeugen die Nutzer selbst zusätzlichen Content.

Vorteile:
- Schneller Aufbau von zusätzlicher Reichweite bei bisher unbekannten oder unzugänglichen Zielgruppen durch Kommentieren, Liken und Sharen
- Der Umgang mit Themen und Inhalten ist in den sozialen Medien etwas lockerer, sodass sich hier neue Formen der Kreativität anbieten und ausprobieren lassen.
- Hohe Glaubwürdigkeit durch direkten Kontakt zum User. Damit wird eine Nähe geschaffen, die auch die Glaubwürdigkeit vergrößern kann.
- Enormer Reichweitenaufbau durch Kooperationen mit Influencern
- Sie können Wünsche und Bedürfnisse der User abfragen.

Nachteile:
- Permanente Pflege und Überwachung
- Natürlich können auch Kritiken bis hin zum Shitstorm kommen. Wenn dann keine gute (Gegen-)Kommunikation erfolgt, kann sich ein negatives Image rasend schnell im Internet verbreiten.
- Langer Atem: Um die gewünschte Reichweite zu erlangen, muss eine entsprechend große Community aufgebaut werden, die systematisch mit Content versorgt werden muss. Das kostet Zeit, Geld, Aufwand und Geduld. Und eine kluge Kommunikation. Und genaue Kenntnisse der Algorithmen.
- Unberechenbarkeit: Bisher gibt es noch kein Rezept dafür, dass aus einem guten Content tatsächlich ein viraler Hit wird. Die Funktionalität mancher Medien ist derzeit noch undurchschaubar.

- Hoheit der Anbieter: Instagram, Pinterest, Facebook und Co ändern regelmäßig die Algorithmen. Leider kommunizieren sie das nicht. Wird heute der Beitrag noch an die Zielgruppe XY ausgeliefert, kann sich der Algorithmus bereits morgen geändert haben und die Zielgruppe sieht den Beitrag seltener.

Noch ein Wort zu den Business-Plattformen wie XING und LinkedIn: Viele Mitarbeiter haben ein Profil auf mindestens einer dieser Seiten. Sei es zum Netzwerken oder auch um neue Arbeitgeber oder Mitarbeiter zu finden. Oder Informationen zum Unternehmen zu kommunizieren. Dabei betrachtet jeder Mitarbeiter sein Profil auf den Social Media als eine Art Privatprofil. Doch wenn er auf Business-Plattformen wie XING oder LinkedIn ein Profil angelegt hat, in dem er Ihr Unternehmen als aktuellen Arbeitgeber nennt, so sollten Sie ihm Vorgaben machen, welche Inhalte er wie kommunizieren darf, damit auch hier ein einheitlicher Auftritt Ihres Unternehmens gewährleistet ist.

Messenger-Dienste
Diese erst seit wenigen Jahren bekannte Kommunikationsform nutzt Messenger-Apps, wie WhatsApp und Co, als Kommunikationskanäle.

Vorteile:
- Über 60 Prozent der Deutschen nutzen WhatsApp, Facebook Messenger und Co ständig (50 Prozent sogar mehrmals pro Tag).
- Dreimal mehr Menschen wollen Kundenservice lieber über Messenger statt über Social Media, Telefon oder E-Mail.
- Kunden wollen Terminvereinbarungen, Informationen, Reklamation oder Produktbewertungen über Messenger.
- Kunden sind sogar bereit, sich Push-Nachrichten auf ihre Messenger-Apps senden zu lassen.
- Schnelle, direkte, persönliche Kommunikation – über Apps jederzeit und überall[36]

---

36 MessengerPeople Studie 2018, https://www.messengerpeople.com/wp-content/uploads/2018/10/messengerpeople-studie-2018.pdf

Nachteile:

- Messenger-Dienste sind nur für kurze Nachrichten geeignet.
- Häufig gibt es Sicherheitsdiskussionen, die immer wieder zu Änderungen der Nutzer führen.
- Wenn dieser Kontakt der einzige Kommunikationsweg zum Kunden ist, geht dieser Weg verloren, sobald sich der Nutzer abmeldet oder die App wechselt.

Eine Single-Medium-Strategie kann sich heute kein Unternehmen mehr leisten. Wer etwas kommunizieren möchte, hat die Qual der Wahl. Die gute Nachricht ist, dass täglich neue Kanäle dazukommen und sich bestehende Kanäle neue Werbe- und Kommunikationsformen ausdenken. Nicht jedes Medium ist für Ihre Werbung geeignet. Und nicht jedes Medium ist für PR geeignet. Allerdings ist die Spielwiese derzeit so groß wie nie und bietet einen fantastischen Raum für Kreativität und Ausprobieren neuer Strategien. Welcher Medien-Mix der richtige (im Sinne von zielorientiert) ist, hängt von der Branche, dem Angebot, der Zielsetzung, der Zielgruppe und dem Budget ab. Eine pauschale Aussage ist nicht möglich. Selbst erfahrene Medienagenturen müssen auf neuen Kanälen immer wieder neue Ansätze probieren und können Erfolge nicht garantieren. Bis heute ist noch nicht klar, welche Bestandteile z. B. ein kurzer Spot benötigt, um ein viraler Hit zu werden. Zwei erfolgreiche Beispiele:

- ALS Ice-Bucket Challenge: Im Sommer 2014 startete die Ice-Bucket Challenge. Der an ALS (Amyotrophe Lateralsklerose) erkrankte ehemalige Baseball-Star Peter Frates engagierte sich stark für die ALS Association. Er hatte die Idee, dass sich Menschen einen Eimer mit eiskaltem Wasser über den Kopf gießen, um für einen kurzen Moment die Lähmung am eigenen Leib zu spüren. Er selbst übergoss sich nicht mit Eiswasser, nominierte aber einige bekannte Sportler, an der Aktion teilzunehmen. Die Idee war: sich selbst mit einem Eimer kalten Wassers zu übergießen, drei weitere Personen zu nominieren, es innerhalb 24 Stunden auch zu tun und gleichzeitig 10 Euro an die ALS Association zu spenden. Wenn man nominiert wurde, aber nicht teilnehmen wollte, sollte man 100 Euro an die ALS Association spenden. Binnen kürzester Zeit ging die Challenge (dank Facebook und Twitter) viral und Tausende (auch prominente) Personen machten mit. In der Zeit vom 15. Juli bis 21. August 2014 kamen so sagenhafte 41,8 Millionen US-Dollar Spendengelder (im Vergleich zu 2,1 Millionen US-Dollar im Vorjahreszeitraum) zusammen - und über zwei Millionen neue Spender.[37]

---

37 https://de.wikipedia.org/wiki/ALS_Ice_Bucket_Challenge

- Doch nicht nur soziale Projekte gehen plötzlich viral. Dove (eine Körperpflege-marke von Unilever) möchte Frauen ermutigen, selbstbewusster mit ihrem Aussehen umzugehen. Dafür kreierte Dove im Jahr 2013 einen Spot, der innerhalb von nur einer Woche mehr als 15 Millionen Mal downgeloaded wurde.[38] Darin geht es um die Selbstwahrnehmung von Frauen versus Wahrnehmung durch Dritte. Ein Phantombildzeichner erstellte je zwei Zeichnungen von einigen Frauen (ohne die Frauen selbst zu sehen). Die erste Zeichnung erstellte er aufgrund der eigenen Beschreibung der Frauen, die zweite aufgrund der Beschreibung einer dritten Person, welche die Frau erst wenige Minuten vorher kennengelernt hatte. Die Unterschiede zwischen den beiden Zeichnungen waren gewaltig.

4.3   Die Kampagne

Eine Kampagne zu planen bedeutet viel (Detail-)Arbeit, Konsequenz und Mut. Mut, etwas Neues auszuprobieren, und Mut, die eigenen Werte beizubehalten, auch wenn alle anderen etwas anderes machen oder alle Umstände dagegensprechen.

Wie bringe ich nun ein neues Produkt, ein neues Angebot oder eine neue Marke auf den Markt? Ein Einzelschuss, eine Vier-Wochen-Kampagne auf zwei Kanälen oder eine groß angelegte, langfristige Kampagne? Eins nach dem anderen.

Am Anfang steht immer ein Ziel: Was will man mit der Kampagne konkret erreichen? Den Auf- oder Ausbau der (gestützten oder ungestützten) Bekanntheit? Das Aufladen von bestimmten Imagefaktoren? Die Erschließung neuer Zielgruppen? Oder reiner Verkauf von Produkten? Oder Leadgenerierung? Oder konkrete Conversions (welcher Art auch immer)?

Und die Zielgruppe: Wo bewegen sich die Zielgruppen? Und wo kann man die Zielgruppe so erreichen, dass die Botschaft auch ankommt? Online und offline? Welche Interessen haben die Zielgruppen? In welchem Mindset (in welcher Stimmung) brauchen Sie die Zielgruppe? Entspannt oder in einer akuten Problemsituation (deren Lösung natürlich Ihr Produkt ist)? Wann erreicht man die Zielgruppe am besten? Unter der Woche oder am Wochenende? Morgens, mittags oder abends? In der

---

38   https://en.wikipedia.org/wiki/Dove_Real_Beauty_Sketches˙https://www.thinkwithgoogle.com/intl/de-de/insights/markteinblicke/wahre-schonheit-zeigt-sich-immer-dove-gewinnt-titanium-grand-prix-mit-163-millionen-aufrufen-auf-youtube/

Urlaubszeit oder im Alltag? Passen der identifizierte Kanal und das dortige Umfeld auch zur Marke? Die Zielgruppe bestimmt die Medien und die Art der Ansprache.

Dann das Budget: Die Zeiten nahezu unbegrenzter Kommunikationsbudgets sind vorbei. Somit ist das Budget leider meist der limitierende Faktor. Das Gute daran ist jedoch: Stark begrenzte Budgets sind oftmals der Hauptantreiber für eine neue, überraschende Kommunikation. Entsprechend dem Budget erfolgt die Planung der Medien, der Kommunikationsdauer und der Kommunikationsmittel.

Schließlich die Mitbewerber: Im nächsten Schritt ist es unumgänglich, zu prüfen, was die Mitbewerber aktuell in welchen Kanälen tun und kommunizieren. Schließlich wollen Sie sich ja abgrenzen und nicht als Mitläufer im Kommunikationswust untergehen. Oder sich bewusst dem Mainstream der Mitbewerber anpassen, um davon zu profitieren. Aber auf jeden Fall Ihrer Zielgruppe einen Mehrwert (im Vergleich zum Wettbewerber) bieten.

Erst dann folgt die Idee: Je nach Zielsetzung, Zielgruppe, Budget und Mitbewerberstrategien werden verschiedene Kommunikationsstrategien und -ideen entwickelt. Wie kann man den potenziellen Erfolg einer Idee beurteilen? Die folgenden Fragen sind dazu hilfreich:

- Ist die Idee neu?
- Ist die Idee inspirierend?
- Kommuniziert die Idee wirklich schnell und einfach die beabsichtigte Botschaft? Denn wenn man eine Idee erklären muss, taugt sie nichts. Kein Mensch beschäftigt sich freiwillig mit dem hintergründigen Sinn einer Werbung. Entweder man versteht sie intuitiv oder die Idee ist ungeeignet.
- Spricht die Idee die richtige Zielgruppe an?
- Steht das Produkt oder die Dienstleistung oder die Marke wirklich im Fokus?
- Und das Wichtigste: Ist die Idee variabel, flexibel und ausbaufähig genug, dass man sie nachhaltig (d. h. langfristig, wenn auch künftig in abgewandelter Form) einsetzen kann?

Wenn alle Fragen mit »Ja« beantwortet werden, dann lohnt es sich, in die konkrete Umsetzung der Idee (also in Wort und Bild) zu gehen.

Endlich – die Umsetzung: Leider habe ich schon viel zu oft erlebt, dass eine tolle Idee nicht umsetzbar war oder es große Probleme bei der Realisierung gab oder die Idee während der Umsetzung doch noch angepasst werden musste. Liegt die Verwirklichung der Idee in Wort und Bild vor, dann ergeben sich erneut Fragen, um die Umsetzung auf ihre konkrete Tauglichkeit zur überprüfen:

- Nochmals mit der Umsetzung vor Augen: Zahlt die Realisierung wirklich auf die Strategie ein?
- Wird der USP eindeutig und unmissverständlich kommuniziert?
- Ist die Umsetzung einzigartig und merkfähig?
- Passen Bild und Text zusammen? Ergibt sich daraus (im Idealfall) sogar eine Art dritte Dimension, z. B. in Form einer Geschichte, die sich im Kopf abspielt?
- Passt die Tonalität zur Marke und zahlen Texte und Bilder auf das Branding ein?
- Bei einer Umsetzung in Reihe: Sind die einzelnen Bestandteile ähnlich genug, um immer den gleichen Absender, die gleiche Botschaft zu erzählen? Sind die einzelnen Bestandteile gleichzeitig unterschiedlich genug, sodass sie immer eine neue Botschaft erzählen und immer wieder neu wirken?

Wenn auch hier alle Fragen mit »Ja« beantwortet werden, dann können Sie mit Ihrer Kampagne starten.

Der König der Kampagnen: der Big Bang. Für Markenverantwortliche gibt es kaum etwas Aufregenderes, als (nach einer langen Planung) mit einem großen Budget einen mächtigen Kommunikations-Paukenschlag zu landen. Mit allem Drum und Dran: Guerilla-Marketing-Aktionen, umfangreiche Online- und Offline-Aktionen und alles Auffallende, was dem Unternehmen und den Agenturen einfällt. Meist geht es dabei um eine Neuplatzierung eines Produkts, einer Marke oder gar eines Unternehmens. Die längste Diskussion entsteht vor der Planung des Big Bang durch die (Glaubens-)Frage: Ist ein zeitlich stark begrenzter Big Bang (Stichwort: Budget) oder eine mittel- bis langfristige Kommunikationskampagne zielführender? Sicher können Sie die Antwort jetzt schon ahnen: Es kommt darauf an. Auf die Zielsetzung, auf das Budget und auf die Mitbewerber. Ich hatte schon ein paar Mal die Ehre, eine Big-Bang-Kampagne zu leiten. Ein großartiges Spektakel mit meist sehr hoher Aufmerksamkeit (vor allem von den Werbemedien), aber nicht immer zielführend.

Aus meiner Erfahrung machen derart große Einführungskampagnen nur Sinn, wenn

- ausreichend Budget vorhanden ist, um – nach dem Big Bang – die Kampagne in diesem Sinne (auf geringerem Budget-Level) mindestens ein Jahr weiterführen zu können,
- zu Beginn eine hohe Aufmerksamkeit nötig ist, um überhaupt eine Chance zu haben, sich im Markt durchzusetzen (Beispiel: Yello – der neue Strom ist nun gelb), und

- die Idee für den Big Bang wirklich überraschend und neu ist und die Zielgruppe neugierig macht.

4.4 Der Absender

Der Absender? Was soll das sein? Natürlich ist der Absender der Botschaft die Marke. Oder das Unternehmen? Oder der Unternehmer selbst? Oder ein Testimonial, das für die Marke (oder das Unternehmen) spricht?

Je nach Zielsetzung und Unternehmensstrategie kommen verschiedene Absender infrage:

1. Die **Marke** als Absender. Wenn die Marke einen anderen Namen hat als das Unternehmen (z. B. Dove von Unilever) oder das Unternehmen sogar mehrere Marken hat, die Marke aber im Vordergrund stehen soll, dann ist natürlich die Marke der alleinige Absender.
2. Das **Unternehmen** als Absender. Haben Unternehmen und Marke den gleichen Namen, erübrigt sich die Frage. Sind die Namen jedoch unterschiedlich (manchmal auch nur in der rechtlichen Bezeichnung), dann ist es eine unternehmenspolitische Frage, wer als Absender fungieren soll. Wer soll also gestärkt werden (und mit welchem Ziel)? Das Unternehmen oder die Marke? Manchmal ist es auch eine rechtliche Notwendigkeit, das Unternehmen kenntlich zu machen, was dann meist im Kleingedruckten zu finden ist.
3. Der **Unternehmer** als Absender. Steht der Unternehmer selbst quasi »mit seinem Namen« für die Qualität der Produkte – und meist auch für die Tradition des Unternehmens –, so kann der Unternehmer (oder natürlich die Unternehmerin) selbst als Absender fungieren. Gute Beispiele dafür sind HiPP (Hersteller von Babynahrung) und Seitenbacher Müsli (hier spricht der Gründer Willi Pfannenscharz sogar noch selbst die Radiospots).
4. Ein **Testimonial** als Absender. Testimonials können Prominente, Kunden, Mitarbeiter oder »Menschen wie du und ich von der Straße« sein. Wiederum geht es hier um die Zielsetzung der Botschaft. Wenn Sie sich jedoch für Testimonials entscheiden, dann sollten diese auch wirklich »echt« sein und nicht nur authentisch wirken. Und natürlich (gerade bei Prominenten) zum Image und den Werten der Marke passen. Testimonials können die Glaubwürdigkeit einer Botschaft massiv beeinflussen und erhöhen, allerdings bei nicht sorgfältiger Auswahl der Marke auch massiv schaden.

4.5 Die 10 wichtigsten Regeln für die Markenkommunikation

Obwohl ich geschrieben habe, dass Sie einfach, immer und überall kommunizieren sollen, ist das natürlich nicht die ganze Wahrheit. Deshalb die wichtigsten Regeln im Überblick:

1. Bleiben Sie fokussiert. Stellen Sie Kernaussagen, die wirklich relevant sind, in den Mittelpunkt der Kommunikation und verzichten Sie auf alles, was nicht zu Ihrer Positionierung passt.
2. Überprüfen Sie bei jeder Kommunikation, ob sie zu Ihren definierten Markenwerten passt (Medium, Inhalt, Sprache).
3. Kommunizieren Sie ausschließlich in Ihrer definierten Markentonalität. Bleiben Sie dabei klar und verständlich und verzichten Sie auf Worthülsen und inhaltsleere Phrasen.
4. Denken Sie langfristig. Setzen Sie einen Kommunikationsplan für mindestens 12 Monate im Voraus um, den Sie auch regelmäßig kontrollieren.
5. Bleiben Sie mutig. Probieren Sie immer wieder neue Wege, Medien und Mittel aus – ohne dabei jedoch ihrer Markenpositionierung zu widersprechen.
6. Bleiben Sie konsequent. Steuern Sie frühzeitig Änderungen in der Kommunikations-, Produkt- oder Unternehmenspolitik entgegen, wenn dadurch die Markenpositionierung gefährdet wird.
7. Bleiben Sie nah am Kunden. Verlassen Sie sich nicht zu sehr auf Studien. Prüfen Sie besser die Markenpositionierung und die Bedürfnisse direkt bei Ihrer Zielgruppe.
8. Bleiben Sie neugierig. Seien Sie ständig auf der Suche nach möglichen Verbesserungen in der Kommunikation, in der Produkt- und Markenstrategie.
9. Bleiben Sie einfach. Je einfacher Sie Ihre Botschaften formulieren (sei es intern oder extern), desto schneller werden Sie verstanden. Klartext schafft Vertrauen.
10. Bleiben Sie menschlich. Kommunikation ist eine der größten Herausforderungen in unserer Zeit. Dabei passieren auch manchmal Fehler und Missverständnisse. Bauen Sie eine gesunde Fehlerkultur auf. Das hilft Ihnen auch immens, wenn der Kunde mal unzufrieden ist.

Für welche Art der Kampagne Sie sich nun auch immer entscheiden, der wichtigste Punkt ist die Konsequenz. Ist die Kampagne wirklich überzeugend, langfristig durchführbar und zielführend? Wenn ja, dann wünsche ich Ihnen jetzt schon mal viel Erfolg, viele neue Kunden und einen hohen Produktverkauf.

5 Der Markenraum – die Marke im Raum

Eine konsequente Markenpositionierung zeigt sich nicht nur im Design und bei der Kommunikation, sondern auch in den Räumlichkeiten. Und damit sind wir – nach der Markenpositionierung und dem Markenausdruck (Design und Kommunikation) – nun bei der dritten Dimension der Markenbildung: dem Markenraum.

Zunächst ist eine Marke mit ihrer Positionierung nichts anderes als ein abstraktes Gebilde. Zum Leben erweckt man sie erst, wenn die Kommunikation (in welcher Form auch immer) beginnt. Erst wenn die Zielgruppen mit der Marke in Kontakt kommen, kann und wird ein Bild der Marke in den Köpfen entstehen. Die sogenannten Moments of Truth, also die Momente, wenn der Konsument mit der Marke direkt oder indirekt in Berührung kommt, entscheiden über das Image der Marke.

Der Kontakt entsteht jedoch nicht nur über die Kommunikation, sondern auch – und vor allem – in den Geschäftsräumen. Idealerweise – ich würde sagen normalerweise – ist eine Marke in möglichst vielen Dimensionen als übereinstimmend, authentisch und glaubwürdig erlebbar. Auch beim Betreten eines Unternehmens. Und somit sind auch die Räume ein wichtiger Bestandteil der Markenpositionierung und -kommunikation, um eine Marke wirksam sichtbar zu machen. Betrachten Sie Räume nicht als funktionale Räumlichkeiten, wo Ware präsentiert wird, Mitarbeiter arbeiten oder Meetings stattfinden. Sehen Sie Räume als eine Bühne. Eine Bühne, die (neben allen notwendigen Funktionalitäten) dafür da ist, Ihre Marke wirkungsvoll in Szene zu setzen. Jeder Raum ist ein Ausdruck der Unternehmenskultur und sollte auch die Identifikation mit der Marke präsentieren. Genau genommen gehört das räumliche Erlebnis zu den bedeutendsten markenprägenden Momenten eines Unternehmens. Egal, ob der Raum für Mitarbeiter, Kunden oder Geschäftspartner genutzt wird. Die Inszenierung der Marke im dreidimensionalen Raum dient für alle Menschen, die diesen Raum betreten, als Identifikations-Chance und als emotionaler Erlebnismoment mit der Marke. Nutzen Sie diese Chance.

5.1 Die Wirkung von Räumen: Raumpsychologie

Jeder Raum, den wir betreten (sei er auch noch so klein), hat eine Wirkung auf uns. Die Raumpsychologie befasst sich genau mit dieser Wechselwirkung zwischen Raum und Mensch. Raumpsychologie kann – wie viele andere Teilaspekte der Psychologie – als Lehre vom Erleben und Verhalten der Menschen in Räumen definiert werden.

Abhängig von der Größe, den Dimensionen und der Gestaltung des Raums erleben ihn Menschen unterschiedlich und passen ihr Verhalten an. Philosophisch betrachtet entsteht also eine Beziehung zwischen Raum und Mensch. Anders gesagt: Zuerst beeinflusst der Mensch den Raum. Dann beeinflusst der Raum den Menschen.

Jeder Raum – egal ob im privaten, öffentlichen oder geschäftlichen Bereich – hat eine eigene Funktion und eine eigene Wirkung. So können Räume z. B. Großzügigkeit oder Geborgenheit ausstrahlen, was wiederum unser Verhalten, unsere Produktivität und unser Wohlbefinden beeinflusst. Ein Raum mit seiner Gesamtausstrahlung hat also direkten Einfluss auf unsere Kreativität, Inspiration oder auch Konzentration. Im positiven wie im negativen Sinn.

Unmittelbar beim Betreten werden alle Sinne angesprochen: Augen, Ohren, Nase, der Tastsinn, sogar der Geschmackssinn und der Gleichgewichtssinn. Alle Wahrnehmungen passieren – bewusst und unbewusst – in Sekundenschnelle und hinterlassen einen Eindruck und eine Botschaft. Je nach Intensität wird das Wahrgenommene dann automatisch in Assoziationen umgewandelt.

Die Wirkung (und die damit verbundenen Assoziationen) im Detail ist von Mensch zu Mensch unterschiedlich und ist sogar von seinem jeweiligen Gemütszustand abhängig. Seine innere Verfassung, die soziale und gesellschaftliche Prägung und sogar seine Wahrnehmungshöhe bestimmen die Ästhetik des Raums. Darüber hinaus weisen wir jedem Raum in kürzester Zeit eine subjektive Bedeutung zu, d. h., Menschen »belegen« den Raum mit Gefühlen und Erlebnissen.

Die Art, wie wir Räume wahrnehmen, unterliegt einem hoch komplexen Vorgang, bei dem sich diverse parallele Prozesse abspielen. Zum einen nehmen wir den Raum in seiner physischen Präsenz wahr, d. h., die Wahrnehmung hängt vom Kontext, von der Umgebung und der Gesamterscheinung ab. Gleichzeitig löst jeder Raum in uns sofort und unbewusst eine emotionale Reaktion und Bewertung aus, die wiederum von der Kultur, der Tradition, persönlichen Erinnerungen, Gesundheitszustand und auch Alter abhängen. Dazu findet parallel der kognitive Wahrnehmungsprozess statt, d. h., man verknüpft bisherige Raumerfahrungen mit der nun vorliegenden

Raumsituation. Alles zusammen führt zu einer Bewertung des Raums und hat direkten Einfluss auf das persönliche Wohlbefinden. Und das innerhalb von wenigen Sekunden. Allerdings: Sobald man seinen Standort wechselt, ändert sich wiederum die Raumwahrnehmung.

Folgende Faktoren beeinflussen das Raumempfinden:
- Die Farb- und Lichtstruktur
- Die Form- und Materialstruktur
- Die Gleichgewichtsstruktur
- Die Geruchs- und Geschmacksstruktur
- Die Ton- und Klangstruktur

Insofern kann man auch hier von einer »Sinn-vollen« Gestaltung sprechen, also einer bewussten Rauminszenierung für alle Sinne.

Darüber hinaus spielt die Positionierung einzelner Gestaltungelemente innerhalb des Raums eine Rolle für unser Wohlbefinden und unser Verhalten: Wann sieht man etwas wo? Und zu welchem Zweck wurde das Element dort positioniert?

Die Summe aller Einzelteile bestimmt die Ästhetik des Raums. Und die sollte im Sinne einer konsequenten Markenbildung auch der Ästhetik der Marke entsprechen. Eine gezielte Raumgestaltung ist nicht nur ein mächtiger und direkter Hebel für Mitarbeiter- und Kundenzufriedenheit, sondern auch die Chance, die Marke wirkungsvoll in Szene zu setzen. Noch mal: Ihre Räume sind die Bühne für Ihre Marke. Lassen Sie diese Chance nicht verstreichen.

Was ist nun wichtig für eine gelungene Raumgestaltung?
Oberste Priorität hat hier natürlich die Funktionalität des Raums, also wieder die Frage nach dem Ziel: »Welchem Ziel dient der Raum?« Was wollen Sie erreichen? Arbeiten Ihre Mitarbeiter eher kreativ? Dann stellen Sie kreative Bereiche und Konzentrationsinseln zur Verfügung. Sollen die Mitarbeiter teamübergreifend kommunizieren, z. B. in Projekten? Dann schaffen Sie dafür z. B. Schreibtischinseln, die nur von diesen teamübergreifenden Personen besetzt werden dürfen. Wollen Sie, dass Kunden alle Sektionen des Ladens durchwandern und entdecken? Dann sorgen Sie durch Leitlinien dafür, dass Kunden den gesamten Laden durchstreifen müssen, um alles zu entdecken. »Start with the end in your mind« ist also der Anfang.

An zweiter Stelle steht die generelle Raumordnung. Also was steht wo und mit welchem Zweck? Die Raumordnung entscheidet über Stimmung und die (empfundene) Professionalität des Raums. Sie sorgt im wahrsten Sinne des Wortes für Ordnung oder für Chaos. Jeder Arbeitsplatz und jeder Warenpräsentationsraum hat spezifische Anforderungen und unterliegt auch unterschiedlichen Stressfaktoren. Diese müssen durch die Raumordnung umgesetzt oder beseitigt werden. Die Raumordnung schafft dann die Voraussetzung für die Wirkung von Farben, Licht, Materialien und sonstigen Elementen, welche die Inszenierung der Marke unterstützen.

Und an dritter Stelle steht die Präsentation der Marke. Dafür müssen Markenwerte in Materialien, Formen, Farben, Lichtkonzepte etc. übersetzt werden. Um zum Beispiel »technische Vorreiterschaft« zu visualisieren, verwendet man andere Farben, Materialien und Formen, als wenn man z. B. »Nähe und Partnerschaft« visualisieren will.

Alles zusammen, also Architektur des Gebäudes, Innenarchitektur der Räume, Farben, Materialien, Licht und die bewusste Inszenierung, bildet somit ein Designkonzept, das die Aufgabe hat, den Charakter des Unternehmens und/oder der Marke zu visualisieren. Dieses Designkonzept definiert nicht nur die Marke nach innen und außen, sondern motiviert auch gleichzeitig Mitarbeiter und Kunden.

5.2   Die Übersetzung von Markenwerten in Räume

Sie haben bereits umfangreiche Arbeit geleistet, um die Markenpositionierung zu erarbeiten, das Design und die Kommunikation zu entwickeln. Wie kann man all dies nun in die Raumgestaltung einfließen lassen? Oder anders gesagt: Wie kann man all dies in die Raumgestaltung »übersetzen«?

Die schlechte Nachricht vorab: Es gibt leider keine eindeutige und für jedes Unternehmen gültige Anleitung, um eine Markenpositionierung in eine Raumgestaltung zu übersetzen. Um überzeugend den Charakter einer Marke in einem Raum zu inszenieren, erfordert es eine Menge Spürvermögen, Empathie, Neugier, Kreativität, Mut und Transferleistung.

In erster Linie kommt es auf die zur Verfügung stehenden Räume an. Das beginnt bereits bei der Auswahl des Hauses. Im Idealfall entspricht die Architektur des

Gebäudes (und die Umgebung) den Dimensionen und Ansprüchen der Marke. Im Normalfall jedoch legen viel zu wenig Unternehmen Wert auf die Architektur, sondern mieten Räume, die den Ansprüchen an die Funktionalität gerecht werden. Damit sind Größe, Anzahl und Aufteilung der Räume gemeint. Und manchmal können Unternehmen nicht einmal das beeinflussen, da die Unternehmensstrategie, das Budget oder die Immobiliensituation dies nicht zulassen. In welcher Raumsituation Sie sich mit Ihrer Marke auch gerade befinden, machen Sie das Beste daraus und betrachten Sie die Räume als die Bühne und das Theater der Marke.

Dabei geht es um viel mehr, als das Logo möglichst groß und sichtbar am Eingang zu platzieren, aktuelle Broschüren in jedem Flur in einen Ständer zu stellen, mit dem Logo bedruckte Tassen bereitzustellen oder an jeden Raum Namensschilder mit Logo anzubringen. Das alles sagt nur, welches Unternehmen hier stationiert ist. Das besagt jedoch nichts (oder nur wenig) über die Markenphilosophie.

Betrachten Sie also die (Marken-)Werte Ihres Unternehmens und versuchen Sie, diese in Interior Design zu übersetzen. Dabei geht es um weit mehr als Farbe. Auch Materialien, Platz, Akustik, Dekoration und sogar Düfte spielen eine große Rolle. Also wieder ein Markenerlebnis für alle Sinne.

Ein Beispiel: Google. Was fällt Ihnen zu Google ein? Wahrscheinlich Werte wie Nutzerfreundlichkeit, Innovation, Schnelligkeit, Effizienz, größtmögliche Mobilität, kreative Freiheiten. Und nun stellen Sie sich ein Google-Büro vor mit Hochflorteppichen und Hirsch-Bildern an der Wand. Das passt nicht zusammen und natürlich auf keinen Fall zu dem Unternehmen.

Bei der Gestaltung Ihrer Räume geht es darum, die Idee der Marke, die Markenstory, das Markenideal zu inszenieren. Denn Ihre Marke beinhaltet ein Versprechen. Ein Versprechen, das auch Ihre Angebote umfasst und das sich an alle Mitarbeiter, Partner und Kunden richtet. Und Ihre Räumlichkeiten bieten die perfekte Bühne, dieses Versprechen in Form einer Markenwelt zu visualisieren.

Was haben Sie als Unternehmen davon?
- Mitarbeiter, die sich in jeder Sekunde mit der Marke identifizieren
- Mitarbeiter, die in jeder Sekunde die Unternehmens- und Markenwerte »einatmen«

- Geschäftspartner und Kunden, die beim Besuch Ihrer Räume die Marke erleben und spüren können – und damit einen Beweis Ihrer Authentizität erhalten
- Kunden, die beim Betreten Ihrer Räume sagen: »Ja, das habe ich genau so erwartet!«

Wie alle Markendimensionen ist auch die Raumgestaltung eine aufwendige Arbeit, die nach der ersten Umsetzung immer wieder überprüft werden muss, ob sie noch den aktuellen Standards entspricht. Aber diese Mühen lohnen sich, da Sie damit für sich, Ihr Unternehmen, Ihre Mitarbeiter und Ihre Kunden eine eigene Markenwelt erschaffen, die auch auf lange Zeit Bestand haben wird.

Wie kann man nun ein Raum-Design-Konzept für Räume entwickeln? Wie bereits gesagt: Ein Einheitskonzept gibt es nicht. Hier trotzdem ein paar Hinweise, worauf Sie bei der Markeninszenierung im Raum achten sollten:

Im Normalfall können Sie die Räume nicht ändern und müssen sich mit den Gegebenheiten vor Ort arrangieren. Prüfen Sie also den Raum und überlegen Sie, wo eine Markendarstellung sinnvoll eingesetzt werden kann. Beginnen Sie mit folgenden Fragen: Ist die generelle Raumaufteilung stimmig zur Marke? Passt der Fußboden zur Marke? Die Farbe, die Art, die damit verbundene Akustik? Wie können Sie die Wände nutzen? Wo kommt das Logo am besten zur Geltung? Können Sie die definierten Farben sinnvoll einsetzen? Wie ist das Licht? Ist es warm oder kalt? Passt die Lichtatmosphäre zur Marke? Welche Stellen müssen besonders aus- oder angeleuchtet werden? Welche Materialien setzen Sie wo ein? Passen die Materialien zur Marke? Welche Formen finden sich im Raum? Passen diese zur Marke? Macht ein Colour-Code Sinn? Wie ist die Belüftung des Raums? Mit welchem Duft könnten Sie die Wirkung der Marke verstärken? Welche Symbole oder Worte können Sie sinnvoll dekorieren (oder in Szene setzen), um die Markenbotschaft zu verstärken? Wie ist die Akustik? Macht es vielleicht Sinn, den Raum mit Musik oder anderen Klängen dezent zu beschallen, um der Marke noch mehr Ausdruck zu geben?

Denken Sie auch mutig und subtil. Welche Atmosphäre soll die Marke verströmen? Und wie kann das in den vorhandenen Räumen umgesetzt werden? Schauen Sie sich bei anderen Unternehmen um. Sicher entdecken Sie dort auch (neue oder bisher unbemerkte) Möglichkeiten, die Marke im Raum auszudrücken.

Welche gestalterischen Maßnahmen tatsächlich sinnvoll sind, findet man manchmal auch erst nach der Umsetzung heraus. Um nochmals die Räume von Google als Beispiel zu verwenden: Die Rutsche in der Google-Zentrale in Zürich wird leider nur selten benutzt. Sie hat aber – so hat man herausgefunden – den höchsten Identifikationsfaktor im ganzen Gebäude. Die kugelförmigen Besprechungsbereiche hingegen fanden keinen Anklang, sodass sie wieder entfernt wurden.

Am Ende ist ausschlaggebend, dass die Räume einen stimmigen und überzeugenden Markeneindruck bei Mitarbeitern und Kunden hinterlassen. Noch mal: Werbung und Kommunikation vermitteln den Menschen ein Bild von einer Marke. Dieses Bild sollte sich zur Bestätigung und Verstärkung auch in den Räumen wiederfinden. So wird eine Marke spürbar, erlebbar, glaubwürdig und langfristig erfolgreich. Und mit Raum sind nicht nur Shops gemeint, sondern alle Räume, wo das Unternehmen »stattfindet«, also auch auf Messen, in Besprechungszimmern und in jedem Büro.

5.3   Wer kommt schon in das Büro?

Rund ein Drittel unseres Lebens verbringen wir im Büro. Dank der Digitalisierung ist ein Büro im klassischen Sinne heute zwar eigentlich gar nicht mehr notwendig (Stichwort Digitales Nomadentum, Shared Desks oder Homeoffice). Trotzdem gibt es noch viele Unternehmen, für welche die persönliche Anwesenheit der Mitarbeiter im Büro zumindest zeitweise unverzichtbar ist. Und letztendlich braucht jedes Unternehmen ein Büro als Adresse. Handelt es sich um reine Büroräume, dann sind diese möglichst platzsparend, »praktisch« und funktional ausgestattet. Denn wer – außer den Mitarbeitern – kommt denn schon in die Büroräume?

Sicher, einige Unternehmen haben schon erkannt, dass sich die Unternehmensfarben ganz gut in den Büros machen. So werden also einzelne Wände in der entsprechenden Farbe angemalt. Dazu kommen noch einige Auszeichnungen (mehr oder weniger aktuell und relevant) an die Wand. Und am Eingang prangt das Logo – zumindest auf dem Firmenschild. Und für das »bessere Klima« werden noch ein paar Pflanzen aufgestellt, die nach einigen Monaten traurig die Blätter hängen lassen.

Einige Unternehmen haben auch verstanden, dass sie – je nach Notwendigkeit – für die Mitarbeiter zusätzliche Kreativitätsbereiche schaffen oder gar Interior Designs wählen, in der klassische Schreibtische und Aktenschränke gar nicht mehr vorkommen. Jeder Mitarbeiter kann sich dort dann zu jedem Zeitpunkt einen neuen Arbeitsplatz suchen, um wortwörtlich einen Perspektivwechsel vorzunehmen. Und für Teams stellen diese Unternehmen separate Bereiche zur Verfügung, in denen sie mit aktuellen Methoden wie Design Thinking oder Agility Projekte vorantreiben können.

Das alles sind willkommene Neuerungen, die auch dem Mitarbeiter gegenüber Wertschätzung und Vertrauen aussprechen. Doch egal, wie klassisch oder modern das Büro ausgestattet ist: Mit Raumgestaltung nach Marke oder gar Markenerlebnis hat das wenig zu tun. Das liegt daran, dass der Fokus der Personen, die für die Ausstattung zuständig sind, ausschließlich auf Funktionalität, Praktikabilität und Ergonomie liegt. Das ist natürlich auch richtig und wichtig. Aber eben nur der erste Schritt beziehungsweise eine vertane Chance für die Marke.

Grund dafür ist das fehlende Bewusstsein für die Macht einer Marke im Unternehmen. Für viele Personen im Unternehmen ist eine Marke lediglich ein Hilfsmittel zur Unterstützung des Verkaufs, das ausschließlich nach außen kommunizieren und wirken kann. Dabei haben wir an anderer Stelle bereits festgestellt, dass Mitarbeiter die stärksten Botschafter für die Marke sind.

Um das Markenbild und die Markenpositionierung allerdings authentisch und glaubwürdig zu kommunizieren, müssen die Mitarbeiter die Marke mit all ihren Facetten erst einmal kennen und verstehen. Und täglich mit und wortwörtlich in ihr leben beziehungsweise arbeiten. Deshalb ist die Gestaltung der Büros so wichtig.

Denn auch wenn Sie keinen Kundenverkehr im Büro haben und »nur« Mitarbeiter Ihres Unternehmens sich in den Räumen aufhalten, so ist es doch eine einzigartige, wichtige und (aus meiner Sicht) unbedingt notwendige Gelegenheit, die Büroräume in Markenräume umzuwandeln, um aus einem normalen Büro ein identitätsstiftendes Büro zu machen.

Denken Sie an die Definition der Raumpsychologie: Jeder Raum hat eine Wirkung auf das Erleben und das Verhalten der Menschen. Ich formuliere es so: Jeder Raum hat und ist eine Aussage.

In aller Konsequenz bedeutet das: Wenn man in den Räumlichkeiten die Markenbotschaft nur auf Plakaten und Flyern findet, dann ist das auch eine Aussage. Dass das

Unternehmen nämlich nicht hinter der Marke steht, dass das Unternehmen nicht stolz auf die Marke ist und dass die Marke eigentlich auch nicht so wichtig ist.

Bei einer konsequenten Markenführung wird auch das Büro (und sei es nur ein Zimmer) zu einem Markenerlebnis. Die Haltung und die Werte einer Marke werden dabei in Räume übersetzt, indem man z. b. Corporate-Design-Elemente wie Logo, Key Visuals und Farbe zum Einsatz bringt, ebenso wie markentypische Statements – zum Beispiel in Form von Markengedanken als Wandschmuck. Darüber hinaus sollten auch die Markenwerte in die Einrichtung einfließen, sei es durch die Auswahl der passenden Materialien, entsprechende Dekorationen oder in Form von speziellen Angeboten für Mitarbeiter und Kunden. Ein paar Beispiele und Ideen dazu:

- Sie haben »Umweltbewusstsein« als Markenwert? Dann stellen Sie einen Bereich zur Verfügung (und inszenieren ihn) mit z. b. Solar-Ladegeräten für Smartphones und Tablets. Oder Sie installieren einen (gut sichtbaren) Bildschirm/Zähler, der den aktuellen CO_2-Footprint des Unternehmens zeigt.
- Sie haben »Coolness« als Markenwert? Dann statten Sie die Büros natürlich auch mit coolen, hippen Möbeln aus. Vielleicht fotografieren Sie auch die Mitarbeiter in aktuell coolen Posen (mit oder ohne Produkt) oder an besonders angesagten Plätzen in der Stadt und hängen die Fotos in den Büroräumen auf.
- Sie haben »Pragmatismus« als Markenwert? Pragmatismus im Sinne, dass man das tut, was nötig ist und was erwiesenermaßen tatsächlich funktioniert. Dann haben Sie ein sehr funktionales Büro mit praktischem Interieur ohne viel Schnick-Schnack. Vielleicht sogar nur ein Stehpult statt Schreibtisch – mit Rollcontainer und Computer. Alles ist klar, funktional und selbsterklärend gestaltet. Bis hin zu Türbeschriftungen.
- Sie haben »Mut« als Markenwert? Dann gestalten Sie das Büro natürlich auch mutig. Je nach Ihrer konkreten Definition des Wertes kann das eine Kletterwand im Eingangsbereich sein oder das Plakatieren provokanter Thesen im Raum, die zur Diskussion anregen, oder die Platzierung von ungewöhnlichen Möbelstücken in mutigen Farbkombinationen in den Büros.

Sie merken spätestens jetzt, dass es keine einheitlichen Übersetzungen einer Marke im Raum gibt. Vielleicht finden Sie die Ideen unpassend, trivial, nicht praktikabel oder sogar zu mutig. Das kommt daher, dass nur die genaue Definition der Markenwerte zu einer für Ihre Marke passenden Lösung führen kann. Seien Sie kreativ oder – noch besser – binden Sie die Mitarbeiter ein und lassen Sie diese ein Konzept entwickeln. Das ist auch eine wunderbare Möglichkeit, sich mit der Marke noch vertrauter zu machen. Und Sie werden sehen, dass sich auch diese Mühen und Investitionen lohnen.

Je lebendiger die Marke wird und je öfter man sie spüren und erleben kann, desto stärker wird die Marke. Je stärker die Mitarbeiter die Marke im Büro spüren und erleben, desto höher ist ihre Identifikation mit der Marke. Und das tragen sie dann auch nach außen und werden überzeugte Markenbotschafter gegenüber Kunden, Dienstleistern und auch auf privater Ebene: Sie empfehlen das Unternehmen als Arbeitgeber weiter. Ein markentypisch gestaltetes Büro kann zur wirkungsvollen Waffe werden – sowohl im Recruiting als auch in der Mitarbeiterbindung. Auch Bewerber erleben die Büroräume beim Bewerbungsgespräch. Und das kann für sie zum Entscheidungskriterium für den Job werden.

Viele Unternehmen nutzen »Raum-Branding« schon lange bei der Umsetzung von Shopkonzepten oder im Messebau. Doch in den eigenen Büros bleibt die Markenidentität oft auf der Strecke. Nutzen Sie also auch die Büros, um sich von Ihren Mitbewerbern zu differenzieren, um Ihre Marke sichtbar, spürbar und mit allen Sinnen erlebbar zu machen, damit man diese schon beim Betreten des Raums fühlen kann. Dann wird aus einem Büro ein Raum für gelebte Marken- und Unternehmenskultur.

5.4   Achtung: Kunde kommt (Gestaltung von Läden, Restaurants und Kundenräumen)

Wenn Ihr Unternehmen Räume hat, die regelmäßig von Kunden aufgesucht werden, ist die Wahrscheinlichkeit hoch, dass Sie einen professionellen Raumplaner beauftragt haben, (hoffentlich) gemeinsam mit Ihren Markenverantwortlichen diese Räume zu gestalten.

Ein Shop, ein Restaurant oder andere Kundenräume haben jeweils spezielle Anforderungen und Zielsetzungen, die in einem klassischen Büro natürlich nicht erforderlich sind.

In einem Shop z. B. ist der Laufweg des Kunden entscheidend (IKEA ist hier ein sehr überzeugendes Beispiel). In einem Restaurant ist die richtige Balance zwischen Gemütlichkeit und Zweckmäßigkeit entscheidend (der Gast soll sich wohlfühlen, aber er soll auch nicht bei einem Glas Wein den ganzen Abend festsitzen). Jeder

Kundenraum hat seine (rein funktionalen) Anforderungen und Herausforderungen, die bei der Planung als wichtigster Punkt berücksichtigt werden müssen. Doch gleich danach kann und muss die Umsetzung der Markenpositionierung beginnen.

Beispiel   **!**

Ich hatte vor einigen Jahren die Aufgabe, eine ca. 300 Quadratmeter große Arztpraxis, die sich gerade im Bau befand, unter Markenaspekten einzurichten. Um es nochmals deutlich zu sagen: In meinem Projekt ging es nur um die gestalterische Einrichtung. Jeder, der schon mal eine Arztpraxis eingerichtet hat, weiß, warum ich dies hier betone. In meinen ersten Scribbles hatte ich wunderbare Ideen für die Raumgestaltung, die allerdings nicht in Einklang zu bringen waren mit der erforderlichen Ausstattung der Räume (Wasseranschlüsse, Arztstühle für Rechts- und Linkshänder, Laborbereiche, Reinräume etc.). Also wartete ich ab, bis die funktionale Planung mit den Architekten und Innenarchitekten abgeschlossen war, und begann dann mit der Integration der Marke. Natürlich wurden die Corporate-Design-Farben so oft wie möglich eingesetzt, z. B. für die Gestaltung der Rezeption, für die Kennzeichnung von Laufwegen und für Türbeschriftungen. Die Ärzte dieser Praxis verstehen sich als Künstler in ihrem Fach, sodass wir eine regelmäßig wechselnde Kunstausstellung integrierten. Ärzte und medizinische Fachangestellte bekamen Kleidung, passend zur Marke (Farbe, Schnitt und Qualität). Und auch im Wartebereich wurde ein spezieller Bereich für Kinder kreiert, wo das Thema Kunst in Form von kindgerechten Spielen im Mittelpunkt stand.

Für die funktionale Planung von Kundenräumen gibt es hervorragende Spezialisten, die alle wichtigen Punkte bei der Planung berücksichtigen und wunderbare zusätzliche Ideen haben. Doch, wenn diese Planung steht (und noch bevor es in die Umsetzung geht), ist der Markenverantwortliche dafür zuständig, dass die Markenpositionierung korrekt und vollständig zur Geltung kommt. Denn Räume mit regelmäßigem Kundenverkehr sind die besten Bühnen für die zielgerichtete Inszenierung einer Marke.

Dabei darf die Inszenierung nicht plump und aufdringlich sein. Vielmehr geht es um ein subtiles und ganzheitliches Branding, das präzise in die individuelle Sprache des Unternehmens und der Marke übersetzt werden muss – manchmal auch nur in Nuancen. Schon ein etwas zu großes Logo am Eingang kann ein falsches Image vermitteln, wenn die Marke etwa für Eleganz und Understatement steht. Und Blumen, die nach fünf Tage welk in der Vase stehen, kommunizieren sicher nicht Frische und Attraktivität. Auch Ware, die lieblos präsentiert wird oder gar gestapelt in einer Ecke liegt, spricht nicht von Wertschätzung und Achtsamkeit. Alles, was der Kunde sehen, fühlen, riechen und schmecken kann, ist ein kleiner, aber wichtiger Mosaikstein im gesamten Markenbild. Alles, was sich im Raum befindet (oder sich auch nicht im Raum befindet), dient als Symbol – oder sogar Spiegel – der Marke. Übrigens und natürlich auch die Mitarbeiter und deren Kundenansprache. Es geht in allen Fällen um eine liebevolle, wertschätzende und achtsame Präsentation und Positionierung. Und dafür braucht es wieder einen Strauß aus Empathie, Neugier, Kreativität und Mut.

Wie schon bei den Büros, so gibt es auch bei Kundenräumen kein einheitliches Vorgehen und keine »Lösung für alle«. Oder doch? Ist es vielleicht doch möglich, ein Gespür für die Marke im Raum zu entwickeln? Ja. Das Stichwort ist »sich in die Perspektive eines potenziellen Kunden zu versetzen«.

Daher lade ich Sie jetzt ein, sich mit mir auf eine virtuelle Reise zu begeben, um diesem Gespür für Marke ein wenig genauer auf den Grund zu gehen. Lassen Sie uns also gemeinsam einen virtuellen Gang durch einen Shop machen:

Alles beginnt am Anfang – am **Eingang**. Gehen Sie also ein paar Schritte zurück und betrachten Sie den Eingang. Wie sieht dieser aus? Hat er eine große Tür? Oder eine kleine? Geht die Tür in die Richtung auf, die Sie erwartet haben? Steht gleich neben dem Eingang ein voller Aschenbecher? Oder zieren frische Sträucher die Eingangspforte? Haben Sie den Eingang leicht gefunden oder mussten Sie ihn suchen? Ist der Eingang ansprechend oder nicht? Bleiben Sie kurz stehen, betrachten Sie den Eingang ein paar Sekunden und überlegen Sie sich, was Sie aufgrund dieser Gestaltung erwarten würden, wenn Sie die Marke noch nicht kennen.

Der Eingang ist quasi das »Es war einmal«, also der verheißungsvolle Beginn der Markengeschichte. Hier werden Erwartungen geschürt, Hoffnungen wachgerufen, Bedürfnisse erweckt, erste Versprechen abgegeben. Ein sehr treffendes Beispiel für diese bewusste Gestaltung eines Eingangsbereichs waren die Shops von Abercrombie & Fitch. Erinnern Sie sich noch daran, wie gut aussehende, durchtrainierte, kultivierte junge Männer mit nacktem Oberkörper am Eingang standen? Es bildeten sich meterlange Schlangen, obwohl man keinen einzigen Blick in das Ladeninnere oder gar auf die Kollektion erhaschen konnte.

Das **Foyer**. Gemeinsam machen wir nun den ersten Schritt in das Innere der Räume. Und bleiben wieder stehen. Was nehmen Sie wahr? Wie ist der Boden? Hart oder weich? Parkett oder Teppich? Ist die Beleuchtung ausreichend und nicht zu grell? Wie ist die Akustik? Störend oder angenehm? Gibt es ansprechende Musik oder andere Klangmuster? Was riechen Sie? Angenehme Gerüche oder eher verbrauchte Luft oder gar menschliche Ausdünstungen? Jedes noch so kleine Detail entscheidet darüber, ob Sie gerne weitergehen oder zögern. Welches Image zur Marke hat sich nun schon bei Ihnen gebildet: angenehm oder weniger angenehm? Einfach oder luxuriös? Passen Ihre Wahrnehmungen und damit verbundenen Emotionen zu Ihren Markenansprüchen oder eher nicht?

Was nun? Sie gehen wieder zwei, drei Schritte weiter und stehen jetzt im Laden (oder im Restaurant oder in anderen Kundenräumen). Wahrscheinlich sind Sie jetzt erst einmal etwas ratlos, wo und wie Sie weitergehen sollen. Was passiert nun? Finden Sie in Ihrer Nähe Orientierung, die Ihnen weiterhilft? Wenn ja, wie sieht diese aus? Oder kommt bereits ein Verkäufer auf Sie zu mit der immer gleichen (nervigen) Frage »Kann ich Ihnen helfen?«. Wie sieht der Verkäufer aus? Oder stehen gar gerade ein paar Verkäufer im gemütlichen Gespräch zusammen? Nehmen wir an, wir befinden uns gerade in einem Bekleidungsgeschäft: Wie wird die Ware präsentiert? Gibt es Wühltische? Oder gar Rundständer mit Sonderangeboten? Welcher Eindruck zu dieser Marke manifestiert sich in Ihrem Kopf?

Ich beende hier unser gemeinsames Experiment, da wir es sonst noch über die nächsten 30 Seiten fortführen könnten. Was ich Ihnen damit zeigen möchte, ist, dass es wirklich auf jede noch so winzige Kleinigkeit ankommt, die trotzdem die Kraft hat, die Marke zu beeinflussen. Und: Je unbekannter die Marke für Sie ist, desto sensibler reagieren Sie auf störende Einflüsse.

Noch ein Beispiel dafür, dass (Stamm-)Kunden anders reagieren als Neukunden und jedes Detail zählt:

Sie gehen in Ihr Lieblingsrestaurant. Vor der Eingangstür liegt eine zerbrochene Bier-flasche, daneben ein paar Zigarettenstummel. Was machen Sie in diesem Fall? Wahr-scheinlich betreten Sie Ihr Lieblingsrestaurant und machen den ersten Ansprech-partner darauf aufmerksam. Oder Sie ignorieren es, da es bisher auch noch nie vorgekommen ist und Sie sich sicher sind, dass es beim nächsten Mal wieder einla-dend sein wird.

Doch was passiert bei der gleichen Szene vor einem Restaurant, das Sie zum ersten

Mal besuchen? Es beschleicht Sie unwillkürlich ein ungutes Gefühl, ob dieses Restaurant sich jemals zu Ihrem Lieblingsrestaurant entwickeln wird. Und vielleicht gehen Sie dann doch in ein anderes Restaurant.

Erinnern Sie sich noch daran, dass ich geschrieben habe: Jeder Raum hat und ist eine Aussage? Bei einer bewussten Markenraumgestaltung ist der Raum eine Bühne, auf der die Geschichte der Marke so erzählt wird, dass sie alle Sinne anspricht und alle Details berücksichtigt. Nur dann wird die Markenidee glaubhaft und hat langfristig Bestand.

Zum Thema Markengeschichte und zu Ihrer weiteren Sensibilisierung der Markenraumgestaltung erzähle ich Ihnen noch ein Beispiel aus meinem eigenen Erleben: Ich besuchte ein für mich neues Restaurant. Das Konzept war: frische regionale und saisonale Produkte zur Erstellung mediterraner Gerichte. Die Einrichtung war ansprechend, der Service zuvorkommend und sehr aufmerksam. Jeder hatte ein Namensschild auf einer einheitlichen Jacke, die natürlich auch das Logo des Restaurants zierte. Die Speisekarte war vielversprechend mit gut leserlicher Handschrift auf einer großen Tafel geschrieben, die vom Personal persönlich mit tagesaktueller Empfehlung am Tisch präsentiert wurde. Die Tische waren liebevoll mit frischen Kräutern dekoriert und das Essen wurde auf formschönen Tellern serviert. Und Stoffservietten gab es auch. Der Thekenbereich war bestens sortiert, klar strukturiert, sehr sauber und ordentlich und mit frischen Kräutern und Blumen dekoriert. Sogar der Küchenbereich war teilweise einsehbar, sodass man die Zubereitung der Speisen beobachten konnte. Mein Markenherz war erfreut und alles war so, dass ich mich wohlgefühlt habe. Jedes Detail erzählte glaubhaft das Konzept dieses Restaurants. Nur die Akustik war laut und störend. Ich konnte sogar die Gespräche des übernächsten Tisches hören und hatte ein wenig Sorge, dass auch meine Gespräche belauscht werden. Also sprach ich zu späterer Stunde den Restaurantchef an und fragte ihn, ob es schon mal Beschwerden wegen der Akustik gab. Er seufzte zustimmend und sagte, dass der Raum einfach zu klein für Separees oder weitere Abstände zwischen den Tischen sei. Sie können sich vorstellen, dass er von mir daraufhin einen kleinen Vortrag über schallschluckende Bilder, Wandbespannungen, Bodenbeläge und Deckensegel bekam. Im Anschluss entwickelten wir gemeinsam einige Ideen für eine bessere Akustik. Einige Monate später kam ich wieder in das Restaurant. Und war positiv überrascht. Er hatte einige unserer Ideen und ein paar neue umgesetzt. Die Raumatmosphäre war nun viel angenehmer und die Gästeanzahl hatte sich sichtlich erhöht.

Warum ich Ihnen das erzähle? Weil immer noch manche Unternehmer glauben, dass sich Umsatzsteigerung und Wohlfühlen widersprechen. Doch das ist falsch. Funktionalität, Umsatzstreben und Markengeschichte können wirklich in jedem Raum in Einklang gebracht werden.

An dem Beispiel können Sie auch erkennen, dass Raumgestaltung nie am Ende ist. Es gibt immer etwas zu verbessern. Aus meiner Erfahrung empfiehlt es sich, eine Checkliste zu nutzen und jemanden zu beauftragen, wöchentlich durch alle Räume zu gehen und mit einem Markenblick darüberzuschauen, ob alles im Sinne der Marke ist. Die Checkliste umfasst einen kompletten Rundgang durch alle Räume. Das Ziel ist, alles bewusst wahrzunehmen, was wo auf die Marke einzahlt (oder nicht). Der Start ist immer vor dem Eingang: Ist der Eingang leicht zu erkennen (auch wenn es schon dunkel ist) und die Umgebung gepflegt? Wenn Sie zufrieden sind, dann machen Sie einen Haken. Wenn nicht, dann notieren Sie gleich Optimierungen und wer das bis wann erledigen soll. Und so geht es durch alle Räume. Alles in Ordnung? Haken und weiter. Probleme, Optimierungsbedarf oder neue Ideen? Notieren und gleich dem Verantwortlichen mitteilen. Machen Sie diesen Rundgang abwechselnd morgens und abends – um die Szenerie auch bei Beleuchtung zu prüfen. Und richten Sie die Blicke nicht nur nach unten, sondern auch nach oben (Stichwort: Spinnweben). Übrigens: Jeder Raum ist ein Ausdruck der Marke – auch Waschräume und Garagenplätze.

Gerade Shops benötigen immer wieder und gerade heute neue Impulse, da die Herausforderungen immer stärker werden: Der Kunde ist – im Vergleich zu früher – selbstbewusster geworden (»Ich weiß es besser.«) und sehr preissensitiv (»Wo kann ich das günstiger bekommen?«). Zudem wird immer mehr über Internet bestellt, sodass speziell kleinere Läden es schwer haben und die Innenstädte allmählich vereinsamen. Neben vielen anderen Faktoren (Lage, Mietpreise etc.) ist auch die richtige Ladengestaltung ein ausschlaggebender Punkt für die Bindung und die Anziehungskraft der Kunden. Das bedeutet, dass ein erfolgreicher Laden sich immer stärker über die eigene Leistung profilieren muss – beginnend bei den Mitarbeitern, die zu Markenbotschaftern werden und zeitglich aber auch nach immer neuen Profilierungsmöglichkeiten suchen müssen. Für ein erfolgreiches Store Brand Management sind die drei Faktoren wichtig:

- Marketing
- Ladengestaltung mit Wohlfühlatmosphäre
- Die richtige Warenpräsentation

Natürlich ist bei jedem Laden- und Restaurantbesitzer die Sensibilität für eine gute Raumgestaltung vorhanden. Schließlich macht sich jeder von ihnen viele Gedanken dazu. Nur: Oft stellen sich Laden- oder Restaurantbesitzer die Frage: Wie soll ich den Raum einrichten, damit sich die Kunden und Gäste wohlfühlen? Machen Sie es einmal anders. Gehen Sie durch die Räume und fragen sich: »Was könnte mich als Kunde davon abhalten, hier einzukaufen oder gut zu essen?« Dadurch werden Sie mit Sicherheit neue Erkenntnisse erlangen. Und neue Ideen, um eine Atmosphäre zum Wohlfühlen zu schaffen. Eine Wohlfühlatmosphäre ist für jeden Raum wichtig. Denn in einer Wohlfühlatmosphäre entspannen wir und verbrauchen folglich weniger Energie. Und damit haben wir Energie übrig, um Entscheidungen (auch Kaufentscheidungen) zu treffen. Denn Entscheidungen kosten uns Energie. Und genau diese Energie fehlt uns, wenn wir uns in Räumen nicht wohl fühlen.

Also machen Sie Ihre Räume zu Wohlfühlräumen, die Ihre Markengeschichte erzählen. Vom ersten Eindruck, den ein Konsument hat, wenn er auf den Laden (oder das Restaurant) aufmerksam wird, bis zum letzten Eindruck, wenn der Kunde zahlt und den Laden (oder das Restaurant) verlässt. Dazwischen liegen viele Möglichkeiten und Potenziale, um den Kunden die Marke überzeugend und nachhaltig erleben zu lassen und ihm das Gefühl zu vermitteln, dass er willkommen ist.

5.5 Messen und Veranstaltungen

Messen und Veranstaltungen (egal ob B2B oder B2C, Kunden oder Mitarbeiter die Zielgruppe sind) sind die größten und gleichzeitig besten Herausforderungen für die Inszenierung von Marken. Die räumliche und zeitliche (und meist auch budgetäre) Begrenzung bringen viele Planer zur Verzweiflung. Und viele Messen finden auch in einem jährlichen Rhythmus statt und man muss sich jedes Jahr etwas Neues überlegen.

Das Gute daran ist allerdings, dass Sie diese Situationen nutzen können, um auch mal mutig zu sein und Neues auszuprobieren. Wie bei allen anderen Aktionen steht auch hier an erster Stelle: Welches ist Ihr Ziel? Was möchten Sie am Ende konkret und messbar erreicht haben? Und mit welchem Wissen und Gefühl sollen Ihre Zielgruppen die Szenerie verlassen?

Bei Messen ist die häufigste Zielsetzung Leadgenerierung und die überzeugende Präsentation der Produkte, der Angebote oder der Neuerungen.

Bei Veranstaltungen ist die Zielsetzung vielfältiger: Danke sagen, Kundenpflege, Neukundenakquise, anlassbezogene Feiern, ein Gefühl des Miteinanders erzeugen. Aber natürlich kann auch hier die Präsentation von Produkten, Neuerungen und Inhalten ein Ziel sein. Welches auch immer Ihre Zielsetzung ist, erzählen Sie in jedem Fall Ihre Markengeschichte – wortwörtlich oder indirekt. Genau diese Veranstaltungen sind ein Musterbeispiel für die Anwendung des Dreiklangs: Produkt – Unternehmen – Erlebnis. Und trotzdem gilt, dass auch eine Veranstaltung nur ein Mosaikstein ist im Gesamterleben einer Marke. Wenn Sie z. B. auf einer Messe sehr dialogorientiert sind und offen für die Anliegen Ihrer Zielgruppe, dann erwartet diese Zielgruppe das auch bei allen künftigen Kontakten mit der Marke. Und das Erleben ist nicht nur auf die Veranstaltung selbst bezogen, sondern auch auf alle Pre-Event-Aktionen (z. B. Einladung) und Post-Event-Aktionen (z. B. Erinnerungsfoto oder Dank).

Letztlich müssen das Unternehmensverhalten, das Erscheinungsbild und alle Kommunikationsmaßnahmen sowie alle kommunikationswirksamen Handlungen so aufeinander abgestimmt werden, dass eine in sich stimmige Erlebniswelt geschaffen wird, die den Kern der Unternehmens- und Markenidentität bildet.

In den vorhergehenden Kapiteln haben Sie bereits einige Hinweise erhalten, wie Sie eine Marke wirkungsvoll inszenieren können. Diese gelten natürlich auch für einen Messestand und eine Veranstaltung. Also zuerst die funktionale Planung und dann das Einfließen der Markendimensionen für alle Sinne.

Darüber hinaus ist eine Schulung des Messepersonals – z. B. in Form eines Messe-Knigges (Dresscode, Standpflege, Kundenansprache, Vorrat an Visitenkarten, Dokumentation der Kontakte und Gespräche) – unumgänglich, um einen reibungsvollen Ablauf vor Ort und für eine reibungslose Nachbearbeitung zu sorgen. Viele besonders erfahrene Mitarbeiter könnten den Eindruck bekommen, dass sie damit gegängelt werden sollen. Deshalb ist hier eine sensible und wertschätzende Kommunikation erforderlich.

5.5.1   Messen

Messestände sind der wohl konzentrierteste Raum für die Inszenierung der Marke. Beginnen Sie wieder mit Ihrem Ziel: Was wollen Sie erreichen und wie können Sie es messen? Der nächste Schritt sind die Funktionalitäten: Was brauchen Sie, um Ihre Ziele zu erreichen? Präsentationswände? Rückzugsorte für das Standpersonal und für Kundengespräche? Techniken? Snacks für das leibliche Wohl der Besucher (und natürlich auch für das Standpersonal)?

Dann geht es auch schon um die Inszenierung der Marke. Logo, Claim, USP und Kampagnenbilder sind eine Selbstverständlichkeit. Sie unterstützen jedoch lediglich die Wiedererkennung der Marke, nicht jedoch das Erleben und Spüren. Also: Welche Markenwerte sollen auf dieser Bühne spür- und erlebbar werden? Gehen Sie jeden Ihrer definierten Markenwerte durch und überlegen Sie sich Umsetzungen, die diese Werte ausdrücken können. Sie haben keinen professionellen, kreativen Messeplaner – aus welchen Gründen auch immer? Dann schauen Sie sich mal in den anderen Branchen um – nein, nicht bei Ihrem Mitbewerber, sondern wirklich bei branchenfremden Unternehmen. Gibt es da etwas, das Sie richtig begeistert? Dann überlegen Sie, wie Sie das für Ihre Präsentation adaptieren können.

Oder Sie nutzen den folgenden Tipp von mir: die Technik der zehn Möglichkeiten. Diese Methode habe ich in meiner Praxis schätzen gelernt, um die Kreativität wieder in Schwung zu bringen oder mal ganz anders – um die Ecke herum – zu denken. So funktioniert sie: Nehmen Sie sich eine Fragestellung vor, z. B.: Wie kann ich den Markenwert »Freude« auf der Messe ausdrücken? Entwickeln Sie zehn (wirklich und immer zehn, nicht sechs oder sieben) verschiedene Möglichkeiten, die auch im ersten Schritt nicht immer sinnvoll oder umsetzbar sein müssen. Es gelten die gleichen Regeln wie beim Brainstorming: keine Wertung.

Ein Beispiel: Freude könnte man ausdrücken durch:
1. Bunte Stühle (in den definierten CD-Farben)
2. Kleine (zu Ihrer Marke passende) Spiele als Kundengeschenke
3. Jeder Besucher wird begrüßt mit »Welche Freude, dass Sie heute hier sind«.
4. Fröhliche Musik am Stand
5. Zu definierten Tageszeiten gibt es ein spezielles Event rund um das Thema Freude.

6. Gewinnspiel mit der Frage: Was macht Ihnen am meisten Freude?

7. Strahlende Messehostessen, die auf der gesamten Messe den Besuchern eine kleine Packung Smileys aus Schokolade überreichen

8. Lichtduschen auf dem Messestand mit Lichtfarben, die dem Besucher Freude und Entspannung versprechen

9. Fröhliches Standpersonal mit T-Shirts mit Sprüchen, die Freude vermitteln

10. Stimmungsaufhellende Getränke, die Sie am Stand den Besuchern überreichen

Sie sehen schon: Nicht alles macht Sinn, ist originell, ist erlaubt oder passt ins Budget oder zur Marke. Doch mit dieser Technik der zehn Möglichkeiten erweitern Sie Ihren Horizont und öffnen die Schranke »Das haben wir schon immer so gemacht«.

5.5.2 Veranstaltungen

Veranstaltungen sind gleichzeitig schwieriger und leichter als Messeauftritte. Sie kennen Ihre geladenen Gäste meist schon etwas (oder auch schon gut) und können auch deren Erwartungen und Einstellungen einschätzen. Sie sind in einem Raum/in einer Location, der/die nur Ihnen zur Verfügung steht. Natürlich ist die Auswahl der Location bereits der erste Schritt der Markeninszenierung. Sie (oder ein Moderator) führen durch das Programm und steuern damit bewusst Ihr Publikum. Auch hier ist die erste entscheidende Frage wieder, welche Ziele Sie mit der Veranstaltung erreichen und wie Sie diese messen wollen. Die zweite Frage ist auch schon klar: Welche Funktionalitäten und Mittel brauchen Sie, um diese Ziele zu erreichen? Die grobe Planung steht? Dann kommt der dritte Schritt – wie schon mehrfach genannt: Wie kann ich in diesem Rahmen meine Marke präsentieren? Oder noch besser: inszenieren? Beziehen Sie auch hier wieder alle Sinne Ihres Publikums ein: Sehen, Hören, Fühlen, Schmecken, Riechen. Im Rahmen einer Veranstaltung haben Sie – abhängig vom Budget – unendlich viele Möglichkeiten, Ihre Marke wirkungsvoll in Szene zu setzen. Betrachten Sie jede Veranstaltung so, als wäre es eine einzigartige Theateraufführung. Sie sind der Theaterdirektor und die Location ist ihre Bühne.

Im Gegensatz zu einer Messe können Sie hier noch viel zielgerichteter vorgehen. Es beginnt schon bei der Einladung: Wie erfolgt sie? Persönlich, schriftlich, online, offline? Auf welchem Papier und in welchem Format? Welche Erwartungen wollen Sie an dieser Stelle bereits beim Publikum erwecken? Welches Motto geben Sie der

Veranstaltung? Wie kann sich das Publikum anmelden? Gibt es schon ein erstes kleines Geschenk?

Der Tag der Veranstaltung ist da und Ihr Publikum steht erwartungsvoll vor den Toren. Was sehen, hören, riechen, schmecken, erfahren sie als Erstes? Gibt es vielleicht einen Foodtruck bereits vor dem Eingang? Wie und von wem werden sie empfangen? Vor oder hinter den Eingangstüren? Kann man vor der Eingangstür schon etwas vom Inneren erahnen? Woran merkt das Publikum bereits vor der Eingangstür, dass Ihre Marke der Einladende ist? Wie lange muss es warten, bis die »Vorstellung« beginnt? Was passiert bis dahin? An welchen Punkten kommt das Publikum mit der Marke in Berührung? Gibt es vielleicht einen Cocktail in den Markenfarben? Oder saisonales, frisch gekochtes Fingerfood (weil Ihr Markenwert z. B. »Frische« ist)? Und dann: in welchem Format findet die Vorstellung statt? Frontal? Oder auf diversen Erlebnisinseln? Bleibt das Publikum immer am gleichen Platz oder soll es wandern? Wohin? Was erwartet es da? Machen Sie auch hier einen virtuellen Rundgang – durch die Räume und durch die zeitliche Abfolge. Wann kann das Publikum wo und wie mit der Marke auf Tuchfühlung gehen? Wo kann das Publikum die Marke wirklich erleben und spüren? Also nicht nur das Logo sehen und die Markenfarben. Wenn die Menschen die Marke nicht kennen würden, welcher Eindruck von der Marke würde bei ihnen an den einzelnen Kontaktpunkten entstehen?

Abhängig von Ihrer Zielsetzung, Ihrer Zielgruppe und Ihrem Budget haben Sie meist unendlich viele Möglichkeiten, Ihre Ziele zu erreichen und Ihre Marke eindrucksvoll zu präsentieren. Seien Sie also leidenschaftlich, kreativ und mutig. Und inszenieren Sie Ihre Marke authentisch, relevant, einzigartig und glaubwürdig. Dann machen Sie Ihr Publikum zu echten Fans.

6 Die Marke – eine unendliche Geschichte. Aktives Markenmanagement

Eigentlich haben Sie nun schon alles definiert, was Sie für einen ganzheitlichen Markenaufbau benötigen. Oder? Nein, noch nicht ganz. »One last thing«, wie der legendäre Steve Jobs von Apple in seinen Präsentationen immer zu sagen pflegte. Und statt dem »letzten Punkt« kamen dann doch noch einige mehr. Wie auch hier. Obwohl schon viel erarbeitet wurde, begeben wir uns nun noch einmal auf eine Reise: die Kundenreise, oder auch »Customer Journey« genannt. Das bedeutet, wir betrachten nun den kompletten Weg, den ein Konsument bei Ihnen vom ersten Interesse bis zum Kauf und darüber hinaus beschreitet.

6.1 Customer Journey, die Kundenreise

Jeder Kontakt, den die potenzielle Zielgruppe zur Marke hat, ist ein wichtiger Kontakt. Und kann auch der entscheidende Kontakt sein. Bei jedem noch so kurzen Kontakt kann die Entscheidung für, aber auch gegen die Marke fallen.

Begeben Sie sich also auf die Reise, die ein Verbraucher antritt, wenn er das erste Mal mit Ihrer Marke in Kontakt kommt, sich dann eventuell für den Kauf entscheidet und final vielleicht sogar Stammkunde wird: die Customer Journey. Auch wenn der Begriff verwirrend klingt, umfasst die Reise doch auch den Konsumenten, der noch kein Kunde ist.

Die Customer Journey wird in unterschiedliche Etappen eingeteilt: von der ersten Information, die Aufmerksamkeit erregt, bis hin zur Kaufentscheidung, gegebenenfalls Reklamationen, bis zu dem Punkt, an dem der Kunde ein Fan der Marke wird.

Natürlich gibt es auch andere Modelle, die man an dieser Stelle betrachten könnte, z. B. das **AIDA-Modell**.

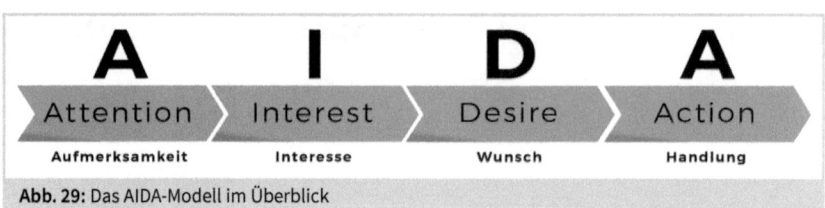

Abb. 29: Das AIDA-Modell im Überblick

Dieses Modell stammt von Elias St. Elmo Lewis und beschreibt, wie man Interessenten zu Kunden macht:

* Attention (Aufmerksamkeit): Wie wird der potenzielle Kunde auf die Marke aufmerksam?
* Interest (Interesse): wie aus reiner Aufmerksamkeit erstes Interesse entsteht
* Desire (Wunsch): den Wunsch des »Habenwollen« wecken, indem man den Nutzen kommuniziert
* Action (Handlung): eine Handlungsaufforderung (Call to Action), damit der Interessent das Produkt kauft

Das AIDA-Modell zeichnet den klassischen Kaufprozess auf.

Auch ein anderes Modell wäre an dieser Stelle geeignet, der sogenannte **Sales Funnel**, also der Verkaufstrichter.

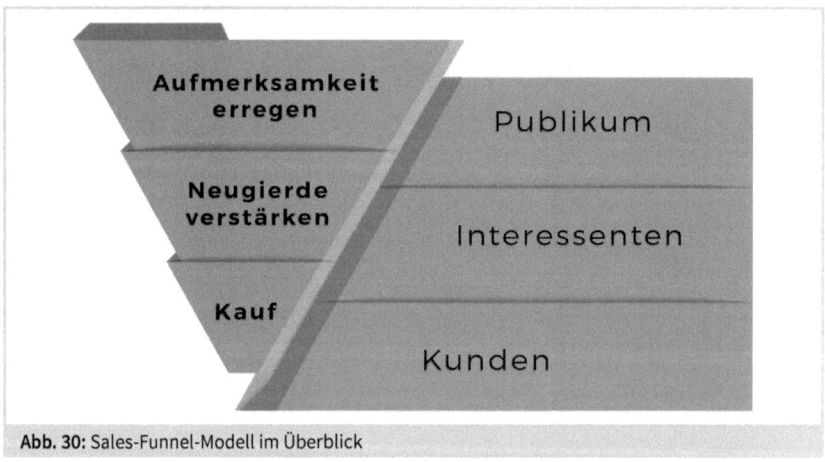

Abb. 30: Sales-Funnel-Modell im Überblick

Wie die AIDA-Formel beschreibt der Sales Funnel die einzelnen Stufen des Kaufprozesses. Der Fokus liegt hier auf der Messbarkeit von quantitativen Kennzahlen – vom ersten Kontakt mit dem Interessenten bis zum Kauf des Produkts. Die einzelnen Stufen sind

- das Publikum, bei dem man erst einmal die Aufmerksamkeit erregen muss. Hat man das geschafft, wird das Publikum zu
- Interessenten, die neugierig auf das Produkt geworden sind. Ziel ist, die Neugierde zu verstärken, den Nutzen aufzuzeigen, bis aus ihnen
- Kunden werden, also Menschen, die sich zum Kauf des Produkts entscheiden.

Der Sales Funnel fokussiert nun auf die Messung der erfolgreichen Umwandlung von Publikum zu Interessenten und von Interessenten zu Kunden. Die Conversion Rate (= Anzahl der »umgewandelten« (konvertierten) Personen/Anzahl aller erreichten Personen × 100) entscheidet über den Erfolg. Auf Basis der Conversion Rate werden Aktionen und Maßnahmen ergriffen, welche die Umwandlungsquote nach oben treiben.

Beides sind gute Modelle. Die AIDA-Formel besteht seit über 100 Jahren und wird auch die nächsten 100 Jahre Gültigkeit haben. Auch der Sales Funnel wird sicher aufgrund seiner analytischen Herangehensweise noch sehr lange Bestand haben. Denn was nutzen alle Aktionen, wenn deren Erfolg nicht messbar ist oder (noch schlimmer) nicht gemessen wird?

Ich persönlich bevorzuge in meiner Praxis die **Customer Journey**. Warum?
1. Man wechselt auf die Kundensicht und beurteilt Maßnahmen und Aktionen nicht mehr nur aus Marketing- oder Vertriebssicht, sondern nimmt den Blickwinkel eines Konsumenten beziehungsweise Kunden ein.
2. Die Welt ist vielschichtiger geworden – nicht zuletzt aufgrund der Digitalisierung, des Wertewandels in der Gesellschaft und der Geschwindigkeit der Entwicklung und Nutzung der Medien. Nicht jede Aktion ist immer eindeutig einer Sektion zuordenbar.
3. AIDA und Sales Funnel enden beim Kauf des Produkts. Die Customer Journey umfasst auch die Phase nach dem Kauf.

Wie bereits beschrieben, begibt man sich mit der Customer Journey auf eine virtuelle Reise, bei der man die Kundenbrille trägt. Spielt man nun den ganzen Prozess aus dieser Perspektive durch, so können wertvolle Erkenntnisse für die Marketing- und Vertriebsstrategie entstehen.

Die Customer Journey umfasst fünf Reise-Etappen:

- Awareness (Bewusstsein), d. h., der Konsument erkennt sein Problem oder entwickelt ein Bedürfnis: Ziel ist also, mit bestimmten Maßnahmen und Aktionen das Bedürfnis zu wecken oder das Problem aufzudecken.
- Consideration (Überlegung), d. h., der Konsument ist auf die Marke/die Lösung aufmerksam geworden und denkt darüber nach, ob diese sein Problem lösen oder sein Bedürfnis befriedigen kann.
- Conversion (Umsetzung), d. h., der Konsument ist überzeugt, kauft und nutzt die Lösung.
- Retention (Erhalt), d. h., der Kunde ist zufrieden (oder gar begeistert) von der Lösung und würde sie wieder kaufen.
- Advocacy (Befürwortung), d. h., aus dem Kunden ist ein Fan geworden, der die Lösung in seinem Umfeld weiterempfiehlt.

Während der einzelnen Etappen gibt es diverse Kontaktpunkte (Touchpoints), an denen der Konsument mit der Marke in Berührung kommt. Dieser Weg kann anhand einer sogenannten Customer Journey Map festgehalten und definiert werden. Die Reisezeit kann – je nach Produkt, Marke und sogar Budget – unterschiedlich lang sein. Auch die Anzahl der Kontaktpunkte kann variieren.

Das Ziel bei dieser Reiseplanung ist, dass man sich wirklich immer bewusst in die Lage des Konsumenten versetzt und die einzelnen Kontaktpunkte aus seiner Perspektive sieht (siehe Abb. 31).

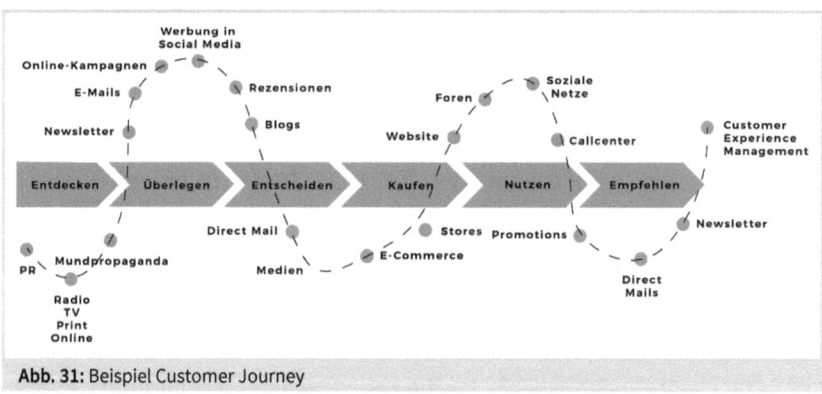

Abb. 31: Beispiel Customer Journey

Um eine Customer Journey Map zu erstellen, brauchen Sie folgende Informationen:

- Detaillierte Informationen zu den Bedürfnissen und den Verhaltensweisen der Zielgruppen (siehe Kapitel 1). Je länger die Marke bereits auf dem Markt ist, desto mehr können Sie hier schon auf interne Daten (wie Web-Analytic, Social Media Reportings, Mail-Statistiken, Reklamationen etc.) zurückgreifen.
- Aktuelle Marktstudien, Trends, Mitbewerberanalysen (siehe Kapitel 1)
- Die definierten Personas (aus Kapitel 1) mit ihren Pain Points, Werten, Zielen, Informationsverhalten und ihren Einwänden (typische Befürchtungen, Hindernisse, die sie vom Kauf abhalten)
- Touchpoints (online und offline), Medien und Kanäle (siehe Kapitel 4)

Nun wird diese Reise visualisiert – egal ob auf einem Whiteboard, einem Flipchart oder online. Dafür gibt es keine »richtige« Methode. Wichtig ist, dass Sie dabei wirklich nur die relevanten Informationen berücksichtigen. Die Reise besteht aus sechs »Stationen«: An der ersten Station werden Sie als Marke entdeckt. An der zweiten Station beginnt der Verbraucher darüber nachzudenken, ob die Marke und das Angebot für ihn infrage kommen. An der dritten Station ist der Verbraucher bereits Interessent und fällt seine Entscheidung. An der vierten Station kauft er Ihr Produkt. An der fünften Station nutzt der Verbraucher das Produkt und an der letzten Station ist er zum Fan geworden und empfiehlt die Marke und das Angebot weiter. Auf dem Weg zwischen den Stationen begegnet er diverse Male – in unterschiedlichen Ausprägungen, mit unterschiedlichen Botschaften und auf unterschiedlichen Kanälen – der Marke. Natürlich sind die einzelnen Kontaktpunkte nicht immer trennscharf zu unterscheiden. Selbstverständlich kann auch ein Stammkunde z. B. über das Web auf ein Angebot von Ihnen stoßen, das eigentlich für Nicht-Kunden konzipiert wurde. Trotzdem ist dieser Kontakt dann auch ein Kontakt, wo die Wahrnehmung des Kunden bestätigt oder enttäuscht wird. Ein gutes Beispiel dafür sind Angebote von Mobilfunk-Anbietern für Neukunden, die bessere Konditionen bieten, als die Stammkunden aktuell bezahlen. Nur: Auch damit müssen Sie umgehen. Was machen Sie, wenn ein Stammkunde nun im Callcenter anruft und die besseren (Neukunden-) Konditionen haben möchte?

Wenn Sie die Reisestationen inklusive Kontaktpunkten visualisiert haben, dann betrachten Sie Ihre Customer Journey unter zwei Blickwinkeln:

1. Fehlen noch Kontaktpunkte? Oder gibt es gar unnötige, doppelte Touchpoints, die besser entfernt werden sollten?

2. Schreiten Sie nun Ihre Reiseroute ab. Denken Sie daran, dass Sie der Konsument beziehungsweise Kunde sind. Erhalten Sie an allen Kontaktpunkten die für Sie relevanten Informationen? Welche Eindrücke bekommen Sie an diesem Punkt von der Marke? Was empfinden Sie als Konsument/Kunde an den einzelnen Punkten? Gibt es Probleme? Fühlen Sie sich wohl? Sind Sie überzeugt? Beachten Sie dabei bitte immer, in welcher Phase (AIDA) Sie sich gerade befinden.

Dank dieser Analyse können Schwachpunkte aufgedeckt und korrigiert werden.

Wie alle Untersuchungen und Analysen ist auch die Customer Journey keine einmalige Aktion sollte mindestens ein Mal jährlich überprüft werden. Aktuelle Daten können Sie aus Ihrem jährlich aktualisierten Markendossier entnehmen.

Folgende Fragen können Sie zusätzlich bei der Definition Ihrer Customer Journey unterstützen:

*   Woher kommt der Kunde und was hat er unmittelbar davor gemacht/geklickt/gesucht?
*   Check: Welches ist die allererste Aussage, die der Kunde beim Betreten oder Betrachten sieht? Passt diese zur Erwartung des Kunden?
*   Was soll der Kunde aus diesem Kontaktpunkt mitnehmen? Information, Wahrnehmung, Image der Marke ...
*   Was soll der Kunde im Idealfall nun machen? Kontaktdaten hinterlassen? Anrufen? Bestellen? Ist dies konkret und auffallend genug dargestellt?

Wie bei einer echten Reise so beinhaltet auch diese Reise viel Vorarbeit, Recherche und Korrekturen. Und natürlich ist auch diese Reise wieder von Ihrem Budget abhängig. Vielleicht machen Sie auf der (virtuellen) Reise auch unangenehme Erfahrungen. Das Gute daran ist jedoch, dass Sie sich erstens eingehend mit dieser Reise (Kundenerfahrung) beschäftigen und Sie zweitens jederzeit Änderungen und Verbesserungen vornehmen können. Apropos Änderungen: Markenarbeit ist ein nie endender Prozess, da sich jederzeit Änderungen ergeben können.

6.2   Die Flexibilität der Marke

Trends oder auch strategische Änderungen kommen und gehen und doch ist und bleibt die Marke ein wichtiger Anker: Ihr Aushängeschild. Marken können und sollen sich in den Köpfen der Konsumenten verankern. Deshalb sind Sorgfalt, Aufmerksamkeit, Empathie und Achtsamkeit die oberste Devise und die Kernaufgabe einer verantwortungsvollen Markenführung.

Mit viel Leidenschaft, Engagement und Einsatz haben Sie jetzt bereits Ihre Marke positioniert, ihr ein Gesicht und einen Charakter gegeben und sind auf dem Markt in die Kommunikation mit den Verbrauchern gegangen. Doch nichts ist beständiger als der Wandel. Das ist auch der Grund, warum ich immer wieder nachdrücklich darauf hinweise, dass alle Rahmenbedingungen ständig im Auge behalten werden müssen, damit man jederzeit umsichtig, aber bestimmt auf Änderungen reagieren kann. Und das kann alle Bereiche betreffen.

6.2.1   Bedingungen ändern sich

Nicht alle Änderungen haben einen Einfluss auf Ihre Marke. Und nicht alle Änderungen bedeuten einen Nachteil. Vielmehr geht es darum, die wichtigsten Rahmenbedingungen unter Beobachtung zu haben und daraus nicht nur »notwendige« Anpassungen der Marke abzuleiten, sondern diese Veränderungen als Chance zu sehen, die Marke aktuell, relevant und begehrenswert zu halten. Ein Überblick über die wichtigsten Rahmenbedingungen, die meist zu einer Korrektur der Markenpositionierung führen:

Die Zielgruppe ändert sich, z. B. durch strukturelle Veränderungen: In Zeiten der Überalterung kann es sein, dass die Anzahl der Zielpersonen zu gering wird – oder sich sogar vergrößert. Oder dass sich plötzlich eine neue Zielgruppe eröffnet. Auch Bedürfnisse und Anforderungen können sich ändern: Während noch vor wenigen Jahren für viele Verpackungen Plastik genutzt wurde, steht der Schutz der Umwelt derzeit im Fokus, sodass Plastik nun eher verpönt – teilweise sogar bereits verboten – ist. Während früher ein Auto noch als Statussymbol galt und die Menschen sogar für kürzeste Strecken mit dem Auto unterwegs waren, steigen heute viele lieber auf Carsharing, E-Bike oder Elektro-Scooter-Verleih um. Das hat nicht nur für die Autobranche oder die komplette Mobilitätsstrategie und -branche Auswirkungen. Das hat auch dazu geführt, dass z. B. Taschenhersteller ihr Angebot angepasst haben und nun mehr Rucksäcke und stylische Umhängetaschen anbieten.

Der **Kundendialog** muss angepasst werden. Studien zufolge sind Marken erfolgreicher, wenn Sie mit dem Kunden in den Dialog treten, statt wie früher nur monoton auf den Kunden (quasi von oben herab) einzureden. Das hat auch das Content-Marketing (also mehr Information und Aufklärung statt witziger Werbesprüche) als Konsequenz hervorgebracht. Aber nicht nur das: Die selbstverständliche Kommunikation unter Verbrauchern über die Angebote und die quasi unaufgeforderten Rezensionen zu den Angeboten bringen Veränderungsbedarf für die Marke. Kundenorientierter Dialog statt unternehmensspezifischer Monolog ist derzeit ein wichtiger Erfolgsfaktor. Und in diesem Dialog können neue Ideen (vom Unternehmen oder auch von Kunden) generiert werden, die bisher noch nicht einmal gedacht waren.

Das Markenumfeld ändert sich, d. h., neue Mitbewerber drängen auf den Markt, neue Features – die es bis vor wenigen Jahren noch gar nicht gab – werden plötzlich Standards. Die »Geiz ist geil«-Haltung der (v. a. deutschen) Kunden zwingt Marken dazu, die eigene Preispolitik zu überprüfen. Die Aufgeklärtheit der Verbraucher und deren Kommunikations- und Zeigefreudigkeit (z. B. in Instagram) bringt neue Herausforderungen für Marken. Zum Beispiel dass der direkte Vergleich mit ähnlichen Marken (oder Angeboten) dadurch stärker in den Fokus rückt. Und dass jede Marke darauf vorbereitet sein muss, ihr Angebot »insta-fähig« zu präsentieren. Und dass eine Marke durch den Post eines Influencers plötzlich mega-hip oder langweilig wird.

Neue Trends entstehen. Derzeit ist das Thema Ökologie in aller Munde. Von fair traded Bekleidung, veganer Ernährungsweise über umweltbewusste Produktion und Verpackung bis zur Wiederverwertung oder zumindest umweltschonenden Entsorgung. Trotz hoher Preissensibilität achten Verbraucher heute viel mehr darauf, in welchem Land und unter welchen Umständen zum Beispiel Kleider produziert wurden. Während es früher selbstverständlich war, ein (am besten dann auch gleich mehrere) T-Shirt für wenige Euro zu kaufen, greifen heute immer mehr Verbraucher zu einem teureren T-Shirt, um damit auch das Gefühl zu haben, dass die Näher*innen einen besseren Stundenlohn erhalten. Dafür wurde gerade das erste staatliche Gütesiegel in Deutschland eingeführt: der grüne Knopf. Aber auch andere Trends sorgen für veränderte Markenpräsentationen z. B. die Lebensmittel-Kennzeichnungen auf Verpackungen.

Auch **Mode** (im Sinne von Zeitgeschmack) hat einen Einfluss. So können manche Farben oder Farbkombinationen (langfristig) aus der Mode kommen. Oder Schriften, die heute noch als modern gelten, können morgen bereits unmodern sein. Auch die

Bildersprache hat sich gerade in den letzten Jahren durch Smartphone-Fotografie stark geändert. Während früher professionelle Fotografen für aufwendige Shootings angeheuert wurden, reichen heute auch gute Handyfotos von Essen, Mode oder sonstigen Angeboten aus. Manche Unternehmen treiben es sogar so weit, dass sie professionelle Fotografen engagieren, die dann ihre Ergebnisse bewusst auf das Niveau eines Smartphone-Fotos bringen: »aus dem Leben gegriffen«, »bewusster Schnappschuss« von Menschen »wie du und ich«. Damit soll die Glaubwürdigkeit erhöht werden. Zum Thema Mode kann natürlich die Fashion-Branche ein Lied singen, da sich hier Farben, Schnitte und Größen mindestens zwei Mal jährlich ändern. Aber auch alle anderen Marken sind gut beraten, die Mode im Auge zu behalten und mögliche Auswirkungen auf ihre Marke zu prüfen.

Die **Medienlandschaft** ändert sich. Ob Facebook, Snapchat, Instagram, Pinterest oder TikTok. Immer wieder versuchen neue Medien (meist online, aber auch offline), den Markt zu erobern. Manche sind langfristig erfolgreich, andere verursachen nur einen kurzen Hype. Wer hätte vor fünf Jahren gedacht, dass Insta-Influencer ein Beruf sein könnte? Oder Blogger zu ernst zu nehmenden Multiplikatoren werden? Oder Youtube-Sternchen zu Stars werden, die Millionen verdienen? Doch nicht nur die Online-Medienlandschaft unterliegt Veränderungen. Trotz aller Unkenrufe gibt es auch immer wieder neue Printmedien, die ansehnliche Erfolge vorweisen können. Andererseits reduziert sich die Auflage von Tageszeitungen immer mehr, weil die Nutzer stärker auf deren Online-Medien zugreifen und die Verlage dort derzeit noch mit möglichen Bezahl-Content-Angeboten experimentieren. Im Online-Bereich experimentieren auch gerade die sozialen Medien mit den Algorithmen zur Auslieferung der Inhalte. Der Hintergrund ist offensichtlich: Die Konkurrenz soll nicht herausfinden, was wirklich und dauerhaft bei den anderen Usern erfolgreich ist. Wäre das bekannt, würden alle dieses Prinzip anwenden und der Überraschungseffekt wäre schnell dahin, sodass das Medium für die User langweilig werden würde. Das sind nur ein paar Beispiele für den stetigen Wechsel der Medienlandschaft. Für eine erfolgreiche Kommunikation der Marke an die richtige Zielgruppe ist es daher auch für den Markenverantwortlichen wichtig, sich hier auf dem Laufenden zu halten und keine Trends zu verpassen.

Die **Mediennutzung** ändert sich. Während man früher TV-Sendungen nur zur angegebenen Zeit auf dem TV ansehen konnte, kann man das heute jederzeit, von jedem Ort auf unterschiedlichen Ausgabegeräten. Durch die Streaming-Dienste (Netflix, Amazon Prime etc.) hat sich nicht nur das Sehverhalten geändert, sondern natürlich daraus resultierend auch die Werbung und deren Ausstrahlung. Beim klassischen Fernsehen konnte man sich darauf verlassen, dass in spätestens 45 Minuten wieder Werbung kommt und man diese Pause für Chips-Nachschub-Holen nutzen kann. Um das zu umgehen, wurden immer wieder neue Werbeformate erfunden. Durch die Streamingdienste (und die Online-Archive der klassischen Sender) kann jeder jederzeit die Ausstrahlung stoppen und zu einem beliebigen Zeitpunkt fortsetzen. Dadurch entfallen natürlich die Werbeinseln und das bringt neue Herausforderungen für die Sender und die Werbetreibenden.

Die Mediennutzung ist natürlich auch vom Alter der Zielgruppe abhängig: Während die ältere Generation noch mit einem Finger mühsam auf dem Smartphone tippt und wischt, benutzt die jüngere Generation schon beide Hände und ist damit natürlich auch viel schneller, was sich wiederum auf das Surf-Verhalten auswirkt: Webseiten müssen noch schneller die wichtigsten Botschaften kommunizieren und störende Inhalte werden so schnell weggeklickt, dass der Nutzer manchmal noch nicht mal wahrgenommen hat, wer der Absender der Botschaft war. Und: Während Smartphones anfänglich wirklich nur zum Telefonieren genutzt wurden, managen wir heute damit unser komplettes Leben – von der Kommunikation über Termine bis hin zu Finanztransaktionen und Blutdruckdaten mit direkter Live-Übertragung zum Arzt. Ein Leben ohne Smartphone? Heute nahezu undenkbar. Sogar 10-Jährige bekommen selbstverständlich zum Übertritt in die nächsthöhere Schule ein Handy von ihren Eltern geschenkt. Über den Sinn vieler Apps kann man sicher vortrefflich streiten. Auch über das Startalter kann man stundenlang diskutieren. Aber für Marken sind das vollkommen neue Felder und Zielgruppen, die besetzt und genutzt werden wollen.

Die **Unternehmenspolitik** ändert sich. Mannigfaltige Gründe wie Wechsel der Eigentümer, Fokussierung auf eine Sparte, Outsourcing etc. können einen Einfluss auf die Marke haben. Ein Beispiel dafür ist das finnische Unternehmen Nokia:[39] Begonnen als Holzstoffhersteller, wandelte sich das Unternehmen zu einem Mischkonzern, der sich in den 1970er-Jahren zu einem Telekommunikationsunternehmen wandelte und seit ca. 1990 als weltweit bedeutender Mobiltelefonhersteller fungierte. 2014 wurde die Mobiltelefonsparte (inklusive Markennamensrechte) für über fünf Milliarden Euro verkauft. Während das Unternehmen Nokia unter leicht verändertem

---

39   https://de.wikipedia.org/wiki/Nokia

Namen (Nokia Networks und Nokia Technologies) mit wiederum neuem Schwerpunkt weiterarbeitete, gibt es seit 2017 wieder Nokia-Mobiltelefone zu kaufen, die nun allerdings von einem anderen Hersteller produziert und angeboten werden. Das ist sicher ein extremes und besonders herausforderndes Beispiel für den Umgang mit einer Marke aufgrund geänderter Unternehmenspolitik. Doch so oder so ähnlich (wenn auch nur in Teilen) kann es in jedem Unternehmen sein. Und das erfordert dann auch eine geänderte (an die neue Situation angepasste) Markenführung.

Die **Produktpolitik** ändert sich, z. B. wenn Sie Ihr Produktsortiment ändern (vergrößern oder verkleinern) oder Neuerungen/Änderungen am Produkt selbst vornehmen. Gerade in der Technologie- und der Kosmetikbranche kann man das gut nachvollziehen. Vor über 25 Jahren war die Ozonschicht in Gefahr, sodass die Regierung ein Gesetz erließ, dass z. B. Deos FCKW-frei sein müssen. Das erforderte bei den Herstellern nicht nur eine gewaltige Umstellung in der Produktion, sondern bot auch eine gute Gelegenheit (manche sagen auch »Notwendigkeit«), die aktuelle Markenpositionierung zu überdenken. Während davor vielleicht noch die unkomplizierte Handhabung im Vordergrund stand, stand ab sofort die Sorge um die Ozonschicht im Fokus. Gerade neue Gesetze, aber auch neue Erfindungen, neues Bewusstsein oder neue Zutaten führen meist zu einer Neupositionierung einer Marke. Großartig auch das Beispiel des Unternehmens Rügenwalder Mühle: Der Betrieb wurde 1834 in Form einer Fleischerei gegründet. Aufgrund des steigenden Bewusstseins in der deutschen Bevölkerung gegenüber Massentierhaltung und nicht artgerechter Tiertötung entschied sich dieses Traditionsunternehmen im Jahr 2014, auch fleischlose Produkte in das Angebot aufzunehmen. Seit 2015 sind diese auf dem Markt. Und nur wenige Monate später (im November 2016) wurden pro Woche nicht nur etwa 400 Tonnen Fleischprodukte, sondern auch rund 100 Tonnen vegetarische Produkte hergestellt.[40] Das hatte natürlich auch Auswirkungen auf die Markenpositionierung.

Die **Markenarchitektur** ändert sich, d. h., statt einer Marke haben Sie mehrere Marken, die aufeinander und untereinander abgestimmt werden müssen, damit die Unternehmensstrategie erfüllt werden kann. Ein gutes Beispiel dafür ist das gestiegene Pflegebewusstsein der männlichen Zielgruppe. Während noch vor wenigen Jahren ein kleiner Tiegel Creme für den Mann reichte, steht heute im Bad ein oft nahezu vergleichbar großes Sortiment an Cremes und Pflegeprodukten wie für

---

40 https://de.wikipedia.org/wiki/Rügenwalder_Mühle

die Frau. Alles begann damit, dass der Männerbart wieder modern wurde und erste Produkte für die Bartpflege auf den Markt kamen. Zudem wurde das klassische Rollenbild in den vorangegangenen Jahren aufgebrochen, sodass der Mann auch seine weiche Seite zeigen durfte. Und darüber hinaus inszenieren sich gerade jüngere Männer genau wie Frauen gerne in den sozialen Medien. Das alles führt zu einem neuen Selbst- und Pflegebewusstsein für Männer. In der Zwischenzeit haben sogar diverse Drogeriemärkte darauf reagiert und eine eigene Männer-Kosmetikmarke auf den Markt gebracht. Jede neue Marke bedeutet auch eine notwendige Korrektur der bisherigen Markenarchitektur. Wie passen die Marken zusammen? Stehen sie in Konkurrenz oder ergänzen sie sich? Wie müssen die einzelnen Marken positioniert werden, damit sie sich gegenseitig ergänzen und zusammen das angestrebte Unternehmensziel erreichen können?

Alles, wirklich alles, was um das Unternehmen herum und im Unternehmen geschieht, kann einen Einfluss auf die Marke haben. Deshalb ist es die Hauptaufgabe des Markenmanagements, alle Aspekte der Marke permanent im Auge zu behalten, um im Bedarfsfall schnell agieren zu können. Manchmal kann es sogar passieren, dass trotz aller Sorgfalt und Aufwand die ursprüngliche Markenpositionierung nicht korrekt definiert wurde oder die daraus abgeleiteten Maßnahmen nicht gezündet haben. Das heißt, dass Sie mit Ihrem Unternehmen und Ihrer Marke nicht erfolgreich genug waren. Auch das ist ein guter Grund, eine Änderung einzuläuten.

6.2.2   Hilfe, wir müssen die Marke ändern!

Welches auch immer der Grund dafür ist, dass Ihre Marke den Verbraucher nicht (mehr) überzeugt, die Auswirkungen sind immer identisch: Die Marke verliert an Attraktivität (oder hatte sie nie) und der Umsatz geht merkbar zurück. Es besteht also Handlungsbedarf.

Egal ob man es nun Repositionierung der Marke, Markenrelaunch oder Markenrevitalisierung nennt, es geht um eine bewusste Anpassung der aktuellen Markenattribute an eine neue Marktgegebenheit oder an neue Unternehmensziele.

Anpassungen können sein
- die generelle Markenpositionierung,
- der USP oder der Claim,

- die Bildsprache, Farben, Schriften,
- die Kommunikation (Botschaft, Kanal und/oder Ansprache)
- bis hin zum Markennamen.

Änderungen können eher homöopathisch oder auch brachial erfolgen. Das ist abhängig von dem Anlass der Anpassung und der Zielsetzung der Veränderung. Wenn der Anlass zum Beispiel eine weitreichende gesetzliche Neuordnung ist, dann kann eine sehr aufmerksamkeitsstarke Kommunikation durchaus gerechtfertigt sein (»Wir verwenden in unseren Produkten KEIN PLASTIK (mehr), denn der SCHUTZ DER NATUR steht bei uns (jetzt) an ERSTER STELLE.«) Merken Sie jedoch, dass der Umsatz der Marke allmählich zurückgeht, da zum Beispiel Ihr Angebot als nicht mehr so modern angesehen wird, und Sie ändern Ihr Produkt nur im geringen Maße oder nur ein Markendetail, dann empfiehlt sich eine eher zurückhaltende (bis gar keine) Kommunikation. Ein gutes Beispiel dafür ist die Gestaltung der blauen Nivea-Creme-Dose, bei der mit viel Fingerspitzengefühl immer mal wieder und über einen sehr langen Zeitraum die Schriftart angepasst wurde.[41] Seit 1911 gibt es bereits die Nivea Creme in der Dose. Die Farbe der Creme-Dose wurde jedoch nur ein Mal in der gesamten Historie geändert: 1925 von Gelb auf Blau. Seit fast 100 Jahren ist die Farbe unverändert geblieben und sogar als Marke eingetragen.[42] Die Anpassung der Schriftart war eine Notwendigkeit, um einen zeitgemäßen Auftritt der Creme (und damit deren Attraktivität) beizubehalten. Die Änderung der Schriftart wird höchstens eine Meldung in den Werbemedien wert sein. Der Verbraucher selbst wird sie nur unbewusst wahrnehmen, aber eben doch wahrnehmen. Womit wiederum die Attraktivität der Marke gesteigert werden kann.

Womit wir auch schon beim zweiten Punkt sind. Denn neben dem Anlass für die Änderung gibt es noch die Zielsetzung. Also: Was konkret und messbar wollen Sie mit der Änderung erreichen? Umsatzsteigerung ist klar, aber was noch? Eine Imageänderung? Wenn ja, in welcher Imagedimension? Oder vielleicht Anpassung an die Markenarchitektur zur Vermeidung von Kannibalisierung der anderen Marken? Was würde das z. B. in Umsatzzahlen für alle Marken bedeuten? Oder eine höhere Produktakzeptanz in einer bestimmten Zielgruppe? Wenn ja, welches genau sind Ihre Maßzahlen? Höhere Differenzierung vom Mitbewerber, da dessen Marke zu nah an

---

41 https://www.nivea.de/marke-unternehmen/markenhistorie-0247
42 https://www.beiersdorf.de/presse/news/alle-news/2015/07/2015-07-09-pm-nivea-blau-bleibt-eine-eingetragene-farbmarke

Ihre Marke kommt? Wenn ja, in welchem konkreten Bereich wollen oder müssen Sie sich stärker differenzieren? Die meisten Unternehmen bewegen sich mit ihren Marken und Angeboten auf Verdrängungsmärkten. Das bedeutet, dass sich die einzelnen Produkte oder Angebote – rational betrachtet – kaum mehr unterscheiden. Und die Preiskämpfe werden immer intensiver. Um sich hier bewusst abzuheben, muss man sich zur Marke etwas Besonderes einfallen lassen, um die Verbraucher auf der emotionalen Ebene anzusprechen. Shampoos zum Beispiel machen alle die Haare sauber, aber einige bieten dann doch »ein Dufterlebnis für jeden Tag« oder ein »Gefühl wie frisch vom Friseur«. Eine derartige Emotionalisierung kann die Basis einer (vorübergehenden) Kampagne sein, aber auch eine Änderung der Markenpositionierung bedeuten. Bleiben wir beim Beispiel »das Shampoo mit dem Dufterlebnis für jeden Tag«. Erheben Sie diesen Gedanken in die strategische Markenpositionierung, so kann das als Konsequenz eine neue schwungvollere Schriftart nach sich ziehen, eine neue Bilderwelt mit Pflanzen und ihren Blüten im Zentrum, ein neues Farbkonzept für das Verpackungsdesign und diverse kreative Marketingaktionen rund um das Thema Duft. Und vielleicht erweitern Sie dann im Laufe dieser Strategie Ihr Produktsortiment um Raumdüfte, da Sie sich zum Duftspezialisten entwickelt haben. Das wäre dann aber eine neue Dimension.

Bleiben wir in der Gegenwart. Sie haben eine Chance oder ein Problem bei der aktuellen Marke erkannt und wollen etwas ändern. Wie kann das gelingen? Die erste Antwort darauf muss heißen: Bleiben Sie **authentisch** mit Ihrer Marke. Je künstlicher die Veränderung auf den Konsumenten wirkt, desto unglaubwürdiger werden Sie mit der Marke. Die Konsequenzen wurden hier schon hinlänglich erörtert. Was noch?

- Der Kern der Marke bleibt unverändert. Wenn Sie aus einer Marke, die bisher einen Mischkonzern repräsentiert hat, nun einen Telefonspezialisten machen wollen, dann ist das keine Repositionierung, sondern der Aufbau einer neuen Marke. In diesem Fall sollten Sie wieder bei Kapitel 1 beginnen.
- Setzen Sie konsequent die Geschichte der Marke fort. Je größer der Sprung zur geänderten Marke, desto schwieriger und aufwendiger wird es für Sie, Ihre Zielgruppe von Ihrer Beständigkeit zu überzeugen.
- Bewahren Sie Kontinuität. Es muss immer klar und eindeutig sein, wofür eine Marke steht. Auch dann, wenn sich das Design gravierend ändert.
- Passen Sie die Repositionierung an Ihre Zielgruppe an. Oder passen Sie die Zielgruppe an Ihre Repositionierung an. Welchen Weg Sie auch wählen, verlieren Sie die Zielgruppe mit ihren Ansprüchen, Bedürfnissen und Wünschen nicht aus dem Auge.

- Passen Sie die Kommunikationsstrategie (Botschaft und Kanäle) an die geänderte Marke an. Das bedeutet, dass die Kommunikation bereits im Vorfeld strategisch gut durchdacht und im Anschluss konsequent betrieben werden muss.
- Schärfen Sie das Markenbild. Nehmen Sie notwendige Repositionierungen nicht zaghaft und halbherzig vor. Nutzen Sie eher die Gelegenheit, um das Bild Ihrer Marke im Markt zu schärfen.
- Denken Sie an Ihre Markenbotschafter: Ihre Mitarbeiter. Kommunizieren Sie die Veränderungen, den Anlass dafür und die beabsichtigten Konsequenzen.

Gerade eine Imageänderung erfordert eine intensive Kommunikation (nach innen wie auch nach außen). Markenimages sind nicht kurzfristig beeinflussbar (außer durch Katastrophen oder geniale Neuerungen) und erfordern mindestens eine mittelfristige (besser langfristige) Strategie. Und leider meist auch ein hohes Budget. Man kann davon ausgehen, dass es etwas fünf Jahre dauert, bis sich ein neues Image wirklich auf dem Markt durchgesetzt hat.

Was auch immer Sie und Ihr Unternehmen veranlasst, die Marke zu adaptieren, bleiben Sie Ihrer Marke treu, behalten Sie die Empathie für Ihre Marke und prüfen Sie genau, welche Folgen die Änderung nach sich ziehen wird. Aber eins kann ich Ihnen versprechen: Wenn Sie es geschafft haben, die Marke erfolgreich zu repositionieren, dann ist das auch für Sie selbst und alle Beteiligten ein großer persönlicher Erfolg. Dann sind Sie wirklich der »Hüter« der Marke.

6.3   Die Kunst des aktiven und agilen Markenmanagements

Marken brauchen nicht nur rationale Argumente, Fakten, Zahlen und Hintergründe. Sie brauchen zudem »Beschützer« und »Kümmerer«, welche die Seele der Marke kennen und eine echte Empathie für die Marke entwickelt haben. Menschen, die ein Gespür für die Marke haben und das Talent, andere für die Marke zu begeistern. Manchmal spüren Markenverantwortliche, dass etwas gut oder gar nicht zu der Marke passt, und tun sich jedoch schwer, das Bauchgefühl in Worte zu fassen. Aber vertrauen Sie ruhig Ihrem Bauch.

Markenführung ist keine einmalige Aktion im Sinne, dass man sie einmal definiert und dann alles läuft. Marken brauchen kontinuierliche Aufmerksamkeit. Deshalb sind die Werte Achtsamkeit, Flexibilität, Aktivität und Agilität wichtige Eigenschaften für die Markenführung. Achtsamkeit, um neue Herausforderungen zu erkennen und deren Relevanz für die Marke einzuordnen. Flexibilität, um notwendige Änderungen und Anpassungen durchzuführen. Aktivität, um eine Marke lebendig und langlebig zu erhalten. Denn eine aktiv gesteuerte Marke ist das Erfolgsgeheimnis langjähriger Markenerfolgsgeschichten. Ein »Passt schon« gibt es einfach nicht in der Markenführung.

Allerdings – und damit kommen wir zur Agilität – wandelt sich die Welt unter dem Einfluss der Digitalisierung und Automatisierung immer schneller, sodass man nur noch selten lange Vorlaufzeiten für die Planung und Umsetzung hat. In der Zwischenzeit sind die Mitbewerber mitsamt Zielgruppe und Umsatz schon längst an Ihnen und Ihrer Marke vorbeigezogen oder bestimmen im schlimmsten Fall auch noch Ihre Preispolitik. Deshalb ist heute auch im Markenmanagement Agilität gefordert.

Noch vor wenigen Jahren wurden im Falle einer Markenneueinführung oder Markenrepositionierung noch seitenweise Briefings erstellt (und mit zig Hierarchieebenen abgestimmt), in wochenlangen Recherchen Agenturen gescreent und eingeladen, die dann wiederum innerhalb weniger Wochen ein komplettes ausführliches Konzept erstellen mussten (für wenig oder gar kein Entgelt). Diese Konzepte wurden wiederum in aufwendigen Abstimmungsorgien hinterfragt und geprüft, um im Anschluss Verbesserungswünsche an die Agenturen zu geben, bis es endlich eine Entscheidung für eine Agentur gab. Die musste dann – meist innerhalb viel zu kurzer Zeit – die generelle Strategie in stringente Kommunikationsmaßnahmen umwandeln. Dabei konnten schon mal mehrere Monate ins Land ziehen. Diese Zeiten sind vorbei. Ich hatte vor zwei Jahren einen Kunden, der eine gute Idee für den Wohnungsmarkt hatte und schon die Markenpositionierung erarbeitet hatte. »Dafür brauche ich nur eine Landingpage mit drei verschiedenen Angebotspaketen.« Es folgte eine Werbeaktion auf Facebook, Instagram, XING und LinkedIn. Das Paket, das am Ende am häufigsten angeklickt wurde, ging dann in die klassische Vermarktung. Und: Es funktionierte wunderbar.

Das bedeutet: Statt einer linearen und schrittweisen zeitaufwendigen Planung und Umsetzung sind heute Flexibilität, adaptive Planung und vor allem schnelle Abstimmungen und Entscheidungen wichtig. Der Fokus hat sich verschoben. Es ist nicht mehr wichtig, einen einmal definierten Plan umzusetzen, sondern vielmehr, möglichst schnell auf Veränderungen zu reagieren. Denken Sie jetzt bitte nicht, dass Achtsamkeit für die Marke nicht mehr wichtig ist. Oder gar, dass eine hektische

Änderung der Marke erfolgen muss, sobald sich der Markt oder die Zielgruppe ändert. Agilität schließt Vorausdenken, Mitdenken und Achtsamkeit nicht aus. Die Zielorientierung steht immer im Mittelpunkt. Genauso wie Kontinuität und Stabilität. Nur die Vorgehensweise hat sich geändert. Agilität hat schnelle Entscheidungen zur Folge. In gewisser Weise löst Agilität hierarchische Strukturen auf und sorgt für eher horizontale Strukturen über Teams und Entscheider hinweg. Die Folge sind schnelle Entscheidungen, die in der heutigen Zeit für Marken auch (überlebens-)notwendig sind. Agilität bedeutet eine schnelle, direkte und flexible Anpassung auf veränderte Marktsituationen und Zielgruppenbedürfnisse. Und darüber hinaus auch eine bewusste und aktive Mitgestaltung der für die Marke relevanten Märkte.

Nichtsdestotrotz braucht es für Agilität im Markenmanagement

- eine Markenstrategie, die relevant, glaubwürdig und praktikabel ist,
- Klarheit und Transparenz im Markenmanagement,
- eine dauerhafte Marktbeobachtung und -analyse (Marktanalyse, Zielgruppenanalyse, Mitbewerberanalyse, Konkurrenzanalyse) und vor allem deren Interpretation und sich daraus ergebenden Handlungsoptionen.

Die Anforderungen an die Markenführung sind gleich geblieben:

1. Nähe – zum Markt, zu den Kunden und Mitbewerbern
2. Aufmerksamkeit – für die Veränderungen am Markt, bei der Zielgruppe und den Mitbewerbern
3. Flexibilität, um auf Trends und Neuerungen reagieren zu können
4. Mut, um Neues auszuprobieren beziehungsweise alte Wege zu verlassen
5. Klarheit im Sinne von klarer Ausrichtung und Zielsetzung
6. Einfachheit im Sinne von »keep it simple and stupid« statt umständlicher Verkünstelung

Lediglich das Vorgehen hat sich geändert. Statt aufwendiger Vorarbeiten mit anschließender umfangreicher Strategieentwicklung und daraus resultierender schrittweiser Umsetzung stehen bei der agilen Markenführung nun Flexibilität, adaptive Planung und vor allem schnelle Abstimmungen im Fokus. Das Vorgehen lässt sich in drei Schritte einteilen:

- Konstruktion: Zuerst werden Ideen entwickelt – zum Angebot oder zur Kommunikation –, damit man so schnell wie möglich beginnen und damit der Lernprozess starten kann.
- Testphase: Die Ideen werden getestet, bewertet und der Nutzen hinterfragt.

- Learnings: Die permanente Qualitätsverbesserung steht im Fokus. Die Learnings dienen dazu, eine Kurskorrektur bei den Ideen oder der Umsetzung vorzunehmen. Oder – im Extremfall – das Ziel anzupassen.

Nicht die Haltung hat sich geändert, sondern das Vorgehen. Agiles Markenmanagement ist eine Antwort auf sich immer schneller ändernde Märkte und Zielgruppenanforderungen. Wichtig ist nur eins: Managen Sie Ihre Marke aktiv statt sie nur zu verwalten.

6.4   Was ist wichtiger? Marke oder Unternehmen?

Diese Frage bekomme ich in unterschiedlichen Varianten immer wieder zu hören. Sei es im Sinne von »Der Inhalt ist doch wichtiger als das CD« oder in Form von »Dieses Mal geht es wirklich nicht, dass wir den Markenwert kommunizieren. Hauptsache ist doch, dass wir überhaupt präsent sind, oder?«. Was ist nun wichtiger: die Marke oder das Unternehmen? Diese Frage lässt sich nicht so einfach beantworten. Und es gibt tatsächlich manche Situationen, wo das Unternehmen aus wichtigen Gründen ohne Marke auftritt. Aber: Ohne Marke gibt es kein Unternehmen. Und ohne Unternehmen gibt es keine Marke. Wenn Sie sich für eine echte Marke (deren aufwendigen Aufbau und konsequentes Markenmanagement) entschieden haben, dann ist es unbedingt erforderlich, dass das komplette Unternehmen diese Marke mitträgt.

In meiner Praxis erlebe ich oft, dass der Bereich »Brand Management und Marketing« ein Eigenleben führt oder eine Sonder- beziehungsweise Außenrolle einnimmt. Manchmal wird sie auch als Bevormunder für andere Abteilungen betrachtet. Und wieder andere sind der Meinung, dass Marke eigentlich nur unnötiger »Chichi« ist und nur dazu da ist, um die Kreativität der Marketingabteilung auszuleben. Doch eine Marke ist ein elementarer Bestandteil eines Unternehmens, der auch das Überleben des Unternehmens sichern kann. Eine Marke ist harte Arbeit. Und eine Marke ist eine Haltung. Eine Haltung, die von der kompletten Unternehmensführung eingenommen und verteidigt werden und in wirklich jedem Unternehmensbereich vorhanden sein muss, wenn Sie mit der Marke erfolgreich sein (oder werden) wollen. Eine Marke wird nur dann lebendig, wenn sie von allen Beteiligten und Betroffenen verstanden, gelebt und kommuniziert wird.

Und ja, im Marketingbereich entstehen Vorgaben (z. B. Corporate Design), die in allen anderen Bereichen umgesetzt und eingehalten werden müssen. Aber nein, die Markenabteilung übernimmt nicht den Job einer anderen Abteilung. Ob der Vertrieb welchen Kunden wie oft, wann und mit welchen Angeboten anspricht, ist seine Verantwortung, denn er muss sich dafür auch der Unternehmensführung gegenüber rechtfertigen. Aber wenn er den Kunden anspricht, so muss das immer im Sinne des angestrebten Markenimages geschehen. Auch ist der Markenbereich nicht dafür verantwortlich, wie die Prozesse innerhalb der Beschwerdeabteilung geführt werden. Aber wenn eine Kundenbeschwerde angenommen wird, dann ist auch das im Sinne der Marke abzuwickeln. Die Markenabteilung ist auch nicht dafür verantwortlich, ob die Verkaufsunterstützung ein oder fünf Produktinformationen für den Vertrieb erstellt. Aber wenn diese Produktinformationen erstellt werden, dann müssen diese dem Design und der Tonalität der Marke angepasst werden.

Darum ist es eine sehr bewährte Praxis, alle Mitarbeiter des Unternehmens immer wieder und intensiv (aber auch in einfachen Worten) über die aktuelle Markenstrategie und die derzeitige Markenausrichtung zu informieren. Und jeder Bereich hat die Aufgabe, seinen Bereich ständig auf Markenkonsistenz und -konformität zu überprüfen. Das betrifft sowohl die Poststelle als auch das Sekretariat des Vorstands. Manche Unternehmen gehen sogar so weit, dass sie die Markenkonformität in die Mitarbeiterzielvereinbarungen übernehmen.

Um es allen Mitarbeitern so einfach wie möglich zu machen, sollte – neben mindestens jährlichen Schulungen zur Marke und regelmäßigen Informationen zur Marke – für die Mitarbeiter ein Tool zur Verfügung stehen, mit dem sie die Vorgaben der Markenstrategie so mühelos wie möglich in ihren normalen Workflow umsetzen können. Sei es ein internes Markenportal mit allen Informationen zur Marke oder z. B. ein Digital Asset Management, in dem alle Vorlagen, Filme, Bilder, Icons und Farben für alle Mitarbeiter online jederzeit zur Verfügung stehen, damit sie diese z. B. in ihre Kundenpräsentationen ohne Mehraufwand einbauen können. Denn jeder Kontakt zum Unternehmen oder vom Unternehmen zu Kunden zahlt auf die Markenattraktivität und -beständigkeit ein. Auch der letzte Kontakt zum Unternehmen. Deshalb noch ein kleiner Appell an alle Markenhüter: Definieren Sie auch ein Vorgehen oder eine Kommunikation für den Fall, dass Sie einen Kunden nicht überzeugen können oder ihn nach einiger Zeit verlieren. Wenn sich z. B. ein Leser von Ihrem Newsletter austrägt, sollte der letzte Satz, den der Leser liest, nicht »Danke. Ihre Adresse wurde aus unserem Newsletter-Verteiler gelöscht« lauten. Auch der letzte Kontakt zählt. Denn dieser entscheidet, wie der (ehemalige) Kunde die Marke in Erinnerung behält und wie er bei seinen Bekannten über Ihre Marke spricht.

6.5   Erfolge des Markenmanagements messen

Viel wurde nun schon über den Markenaufbau und das Markenmanagement geschrieben. Und darüber, was zu einem Erfolg der Marke beiträgt, und ein paar Tipps, worauf man besonders achten sollte. Aber woran erkennt man den Erfolg eines Markenmanagements? Wie kann man ihn messen? Vorab zur Sicherheit: Es geht in diesem Kapitel nicht darum, den monetären Wert einer Marke zu messen, sondern den Erfolg der Aktivitäten.

Beginnen wir am Anfang und am Ende: der Zielsetzung und den wirklich erreichten Zielen. So banal es auch klingt, bei der Formulierung der Zielsetzung beginnen oftmals schon die ersten Probleme, wenn sie zu unspezifisch formuliert wurden. Je unspezifischer das Ziel, desto unrealistischer der Erfolg und desto schwerer oder ungenauer kann der Erfolg gemessen werden. Zielformulierungen wie »Den Umsatz erhöhen« oder »Die Kundenzufriedenheit steigern« sind keine spezifischen Ziele, da sie keine konkreten Erfolgsfaktoren definieren. Die SMART-Formel hat sich hier als sehr guter Indikator für die Zielsetzung erwiesen. Ob ein Ziel wirklich SMART und damit konkret ist, können Sie feststellen, wenn das Ziel

- S wie Spezifisch,
- M wie Messbar,
- A wie Attraktiv,
- R wie Realistisch und
- T wie Terminiert ist.

Sind alle fünf Faktoren erfüllt, dann ist es ein wirklich gutes Ziel, das sich zu messen lohnt. Im Detail am Beispiel »Verbesserung des Markenimages«:

Spezifisch: Was genau soll am Markenimage verbessert werden? Und woran kann man das erkennen? Vielleicht an der Anzahl von neuen Kunden? Oder am höheren Absatz der Produkte? Oder an der Kundenzufriedenheit? Oder an der Weiterempfehlungsquote? Oder an der Häufigkeit des Wiederkaufs? Formulieren Sie das Ziel so genau wie möglich. Zum Beispiel: Verbesserung des Markenimages in der Dimension Markentreue (im Sinne von Wiederkauf).

Messbar: Das bedeutet, dass konkrete Zahlen hinterlegt werden z. B. Steigerung der Markentreue von derzeit 10 Prozent auf 30 Prozent in zwei Jahren zu verbessern, d. h., 30 Prozent der Kunden kaufen das Produkt dann erneut.

Attraktiv: Das bedeutet, dass der Sinn (also das Wofür) definiert wird. Warum genau soll die Markentreue erhöht werden? Was bringt das im Endeffekt? Für den Mitarbeiter? Für das Unternehmen? Für die Marke? Zum Beispiel: Durch die Verbesserung der Markentreue können wir unseren Umsatz automatisch (also ohne weitere Anstrengungen) um 15 Prozent steigern.

Realistisch: Ziele sollen natürlich eine gewisse Herausforderung bedeuten und deshalb ambitioniert sein, aber eben auch realistisch und erreichbar (wenn auch mit hoher Anstrengung).

Terminiert: Das bedeutet, man hinterlegt einen konkreten Zeitpunkt, also nicht »in zwei Jahren«, sondern bis zum »01.01.2025«.

In unserem Beispiel könnte das bedeuten: Wir wollen die Markentreue von derzeit 10 Prozent auf 30 Prozent bis zum 01.01.2025 erhöhen, um damit den Umsatz automatisch von derzeit x EUR auf y EUR zu steigern.

Okay, das Ziel ist nun also konkret formuliert.

Nun geht es darum, die definierten Ziele auch zu messen. Womit schon die nächste Herausforderung auf dem Tisch liegt: Die Erfahrung zeigt, dass sich viele Unternehmen intensiv mit den gewünschten Wirkungen und deren Messung auseinandersetzen, seltener jedoch eine genaue Ursachenforschung betreiben. Da die Ursachen jedoch immer »schuld« an den Ergebnissen sind, ist es unerlässlich, sich die einzelnen Ursachen genauer anzusehen.

Eines der effektivsten Markenerfolgsmessungmodelle ist das **Ursache-Wirkungs-Prinzip** (das natürlich auch für viele andere Messungen anwendbar ist). Hier geht es darum, nicht nur die erwünschte (End-)Wirkung zu messen, sondern alle Einzelfaktoren (Ursachen), die einen Beitrag zu dieser Wirkung leisten.

Selbstverständlich wird der (Gesamt-)Erfolg einer Marke an den klassischen Kriterien wie gestützte und ungestützte Bekanntheit, Markenimage und Kundenzufriedenheit gemessen. Doch diese Messungen auf der Kundenseite sind nur eine Seite der Medaille. Erst wenn man auch auf die andere Seite der Medaille schaut (also die Ursachen), wird ein effektives Markenmanagement möglich.

Beim Ursache-Wirkungs-Prinzip werden daher neben den klassischen Kriterien auch alle Produkt-, Service- und Kommunikationspunkte hinzugezogen, die Sie ja schon bei der Customer Journey definiert haben und die zum Erfolg der Marke beitragen (sollen). Also nicht nur die Endpunkte werden gemessen, sondern auch die Ergebnisse aus allen Kundenkontaktpunkten auf dem Weg dorthin. Auf diese Weise kann man erkennen, welcher Kontaktpunkt in welchem Maße auf das Endziel einzahlt. So entsteht automatisch ein Zyklus, in dem der Ist- und Soll-Zustand (aller einzelnen Punkte) permanent überprüft wird. Aufgrund dieser Einzelergebnisse, die zu einem Gesamtergebnis führen, werden Schwachstellen aufgedeckt und können nun mit konkreten Maßnahmen versehen werden, die zu einer besseren Zielerreichung führen. Und: Alle Unternehmensbereiche werden einbezogen und gemessen, da die Kontaktpunkte ja nicht nur aus Marketingmaßnahmen bestehen, sondern auch Vertriebs- und Serviceaktivitäten einbeziehen. Somit stellt das Ursache-Wirkungs-Prinzip eine Verbindung zwischen der Wirkung der Markenaktivitäten und den konkreten Unternehmensleistungen her.

Um den Erfolg der einzelnen Aktivitäten und Kontaktpunkte zu beurteilen, können natürlich sowohl quantitative Kriterien (Bekanntheit, Marktanteil, Umsatz, Leads, Neukunden etc.) als auch qualitative Kriterien (wie Image, Attraktivität, Kundenzufriedenheit, Kundenbindung, Markentreue etc.) gemessen werden. Wichtig ist die regelmäßige Messung. Denn nur was man messen kann, kann man auch managen.

Einige Kontaktpunkte sind in der Tat schwer messbar, wie die hohen Investments bei klassischer TV-Werbung oder Sponsoring. Und genau deshalb ist es notwendig, auch für diese Kontaktpunkte aussagekräftige Kennzahlen zu definieren. Das könnte zum Beispiel auch eine spezielle Telefonnummer sein, die nur bei den TV-Spots eingeblendet wird, oder eine Webadresse, die nur beim Sponsoring genutzt wird. Welche Kennzahlen Sie auch immer für die Messung der einzelnen Kontaktpunkte heranziehen, die folgenden Kriterien sollten erfüllt werden:

- Alle Kontaktpunkte sind klar definiert und in der Messung möglichst einheitlich operationalisiert (und damit vergleichbar).
- Alle Kontaktpunkte sind verständlich, transparent und lassen nur eine eindeutige Interpretation zu.
- Alle Kontaktpunkte sind langfristig messbar, um die Wirkung neuer Maßnahmen überprüfen zu können.

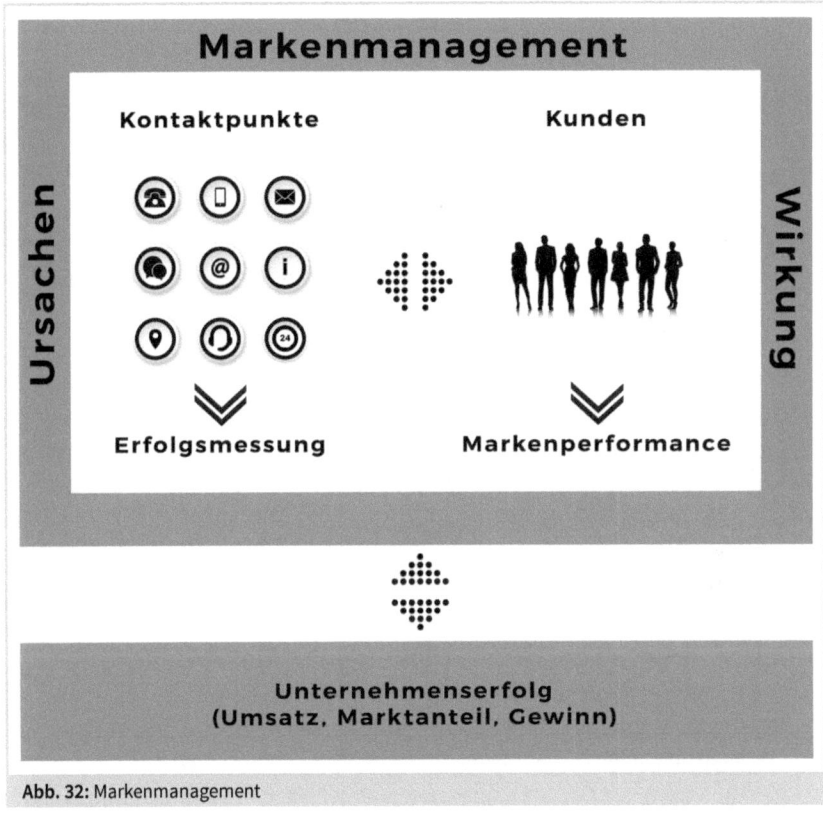

Abb. 32: Markenmanagement

Die systematische Erfassung von der Markenperformance und ihren Erfolgsfaktoren (Ursachen) lassen das Markenmanagement erst wirklich effizient werden. Da bei den Ursachen und Kontaktpunkten alle Unternehmensbereiche mitwirken, ist Markenführung »Chefsache« und damit eine der wichtigsten Aufgaben der Unternehmensführung. Denn ein effizientes Markenmanagement bestimmt – unter Einbeziehung aller Bereiche – den Erfolg des Unternehmens.

6.6   Intelligente Markenführung

Die Technik schreitet im rasanten Tempo voran. Täglich gibt es Neuerungen, die den Alltag und die Arbeit der Menschen erleichtern oder unterstützen. Doch auch Markenverantwortliche können schon heute immens von »künstlicher Intelligenz« und Customer-Experience-Technologien profitieren. Und somit ist auch Markenführung einfacher, intelligenter und sogar kundenfreundlicher geworden. Wenn man diese Neuerungen im richtigen Maße einsetzt.

Viele große Marken setzen in ihrer Customer Journey bereits künstliche Intelligenz (KI) ein. Eine weltweite Umfrage hat nun ergeben, dass gerade Kultmarken (also Marken mit einem führenden Bekanntheitsgrad in ihrer Branche und einem erstklassigen Ruf) dreimal häufiger KI einsetzen als andere Unternehmen.[43] Deswegen ist Markenmanagement nicht nur eine Frage von Empathie, Konsequenz, Mut, Durchhaltevermögen und einer durchdachten, klugen Strategie. Sondern nun auch eine Frage der (künstlichen) Intelligenz.

Was ist beim Einsatz zu bedenken? Natürlich immer abgesehen von allen rechtlichen Rahmenbedingungen, die eingehalten werden müssen.
- Die richtige Mischung macht's: KI-Werkzeuge bringen den größten Mehrwert, wenn sie z. B. Mitarbeiter im Kundenservice unterstützen, statt sie zu ersetzen. Das bedeutet, dass es sowohl reale Menschen als auch automatisierte Kommunikationskanäle geben muss.
- Künstliche Intelligenz als Unterstützung für die Kundenanalyse. Big-Data Anwendungen können bereits heute Prognosen aus Kundendaten ableiten. Auch virtuelle Assistenten unterstützen eine effizientere Bearbeitung von Kundenanfragen und daraus resultierenden Analysen.
- CX (Customer Experience)-Anwendungen erlauben es bereits, unternehmensexterne Partner in die Analysen und die Kundenprozesse einzubinden.
- Behalten Sie den Kunden im Auge und bleiben Sie mit ihm in Kontakt. Technologien können die Effizienz steigern, bergen aber auch die Gefahr, die Nähe zum Kunden (inklusive seiner Bedürfnisse, Wünsche und Anforderungen) zu verlieren.

---

43   https://www.marconomy.de/top-marken-setzen-auf-kuenstliche-intelligenz-a-660604/

Eine Service-Hotline, bei der der Kunde erst einmal gefühlt 20 Stationen durchwandern muss, bis er einer Lösung seines Problems näher kommt, bringt dem Unternehmen sicher viele Daten für eine Kundenanalyse. Sie wird aber wahrscheinlich auch dafür sorgen, dass der Kunde unzufrieden wird und damit seine Markentreue deutlich reduziert. Oder direkt zu einem anderen Anbieter geht.

6.7   Der Mensch als Marke – People Branding

Im letzten Kapitel dieses Buchs möchte ich noch auf ein Thema eingehen, das speziell bei Führungskräften in Unternehmen, aber auch bei Solopreneuren immer wieder zur Sprache kommt: die Markenbildung für Menschen. Gerade Einzelunternehmen mit Markenbewusstsein wollen und müssen ihr Unternehmen ständig repräsentieren. Somit wollen sie selbst zu einer Marke werden. Auch Führungskräfte möchten aus der Markenidentität eine Markenpersönlichkeit machen, die sie sich selbst zu eigen machen. Somit werden diese Menschen selbst zu einer Marke – mit einer spezifischen Haltung, einem klaren Wertesystem, einem persönlichen Look und einem hohen Wiedererkennungswert. Besonders erkennbar ist das bei Personen, die stark in der Öffentlichkeit stehen, sogenannte Prominente. Aber auch in sozialen Medien wie z. B. YouTube und Instagram schaffen es Personen, sich als echte Marken zu positionieren.

Die Zielsetzungen sind in jedem Fall identisch:
* Die persönliche Einzigartigkeit zu unterstreichen
* Eine hohe Wiedererkennbarkeit zu erreichen

Das Vorgehen hier funktioniert im Wesentlichen wie bei der Entwicklung einer Produktmarke:

Die **Definition der persönlichen Kernkompetenzen.** Was kann ich wirklich besonders gut? Welchen Mehrwert schaffe ich dabei für meine Zielgruppe? Kann ich mich mit diesen Kompetenzen wirklich und auf Dauer von eventuellen Mitbewerbern unterscheiden?

Die **Definition der persönlichen Stärken und Schwächen.** Welches sind Ihre Stärken? Welches sind Ihre Schwächen? Beim People Branding geht es nicht nur um Ihre charakterlichen, sondern auch um Ihre optischen Stärken und Schwächen. Seien Sie hier sehr ehrlich zu sich selbst und benennen Sie diese eindeutig. Wenn Sie als Marke glaubwürdig auftreten wollen, müssen Sie Ihre Stärken und Schwächen kennen, um sie bewusst in Szene zu setzen oder bewusst zu vermeiden.

Die **Definition der persönlichen Markenwerte**. Für welche Werte stehe ich? Welche Werte sind mir besonders wichtig? Nutzen Sie hier auch die Methode der vier Siebe und fragen Sie sich: Sind diese Werte wirklich inspirierend, relevant, authentisch und differenzierend?

Die **Definition des persönlichen USP**. Erinnern Sie sich noch an die Formel? Eigene Stärken + das größte Problem der Zielgruppe + Gewinn für die Zielgruppe = Ihr USP. Je nach Ihrer persönlichen Zielsetzung kann der zweite Punkt (Problem der Zielgruppe) entfallen.

Die **Definition der persönlichen Zielgruppe**. Egal wie Sie sich geben und benehmen, Sie werden immer Fans und Ablehner haben. Aber wenn Sie sich bewusst als Marke inszenieren wollen, sollten Sie wissen, wen genau Sie als Zielgruppe haben.

Die **Definition der persönlichen Botschaft**. Welche Inhalte wollen Sie kommunizieren? Was passt zu Ihnen, Ihren Werten und Ihrem USP? Und wie relevant sind diese Inhalte für Ihre Zielgruppe?

Die **Definition der persönlichen Sprache**. In welcher Sprache wollen Sie sprechen? Welcher Sprachstil passt zu Ihnen? Eher locker, lässig oder eher eine gewählte Ausdrucksweise? Viele Fremdwörter oder eher einfach gebaute Sätze? Wie erreichen Sie Ihre Zielgruppe am besten?

Die **Definition des persönlichen Designs**. Hier geht es um Ihre Optik und Ihren Kleidungsstil. Welches Design passt zu allem, was Sie bisher schon definiert haben: Anzug und Kostüm? Oder Heritage-Style? Oder sexy Outfits? Konservativ oder modern? Gediegen oder sportlich? Streng oder lässig? Lassen Sie sich hier ruhig von Personen inspirieren, die Sie gut finden oder gar bewundern, und beobachten Sie aktuelle Modetrends. Und natürlich bietet sich hier auch die Unterstützung eines persönlichen Stilberaters an. Welchen Weg Sie auch gehen, finden Sie Ihren eigenen Stil, der Ihre Marke unterstreicht und Sie unverwechselbar macht. Und bleiben Sie diesem treu.

Der Prozess, eine persönliche Marke zu entwickeln, ist dem Prozess einer Unternehmensmarke sehr ähnlich und braucht auch ähnlich viel Zeit. Wenn Sie Ihre persönliche Marke (und die damit verbundene Strategie) entwickelt haben, dann können Sie mit der Eigenvermarktung beginnen. Auch das ähnelt dem Vorgehen einer Unternehmensmarke: Sie kommunizieren natürlich über die Medien und Kanäle, in denen sich auch Ihre Zielgruppe bewegt. Ob Presse, Video, soziale Medien oder sogar ein eigener Newsletter. Es gibt zahlreiche Wege, eine Personenmarke zu kommunizieren und damit die Zahl der Kontakte nach außen zu erhöhen. Grundsätzlich gilt: Je mehr Kontakte, desto höher die Bekanntheit und desto mehr Erfolg wird kommen.

Noch ein paar Tipps für eine eigene Marke:

- Seien Sie authentisch. Versuchen Sie nicht, etwas darzustellen, das Sie nicht sind. Das kostet Sie viel Energie und es wirkt langfristig unglaubwürdig.
- Pflegen Sie Ihre Marke. Auch People Branding ist keine einmalige Aktion, sondern ein langfristiges Projekt, das beobachtet und gepflegt werden muss. Haben Sie immer einen Blick darauf, wie sich Ihre Marke entwickelt und was man über Sie erzählt.
- Behalten Sie Ihre Ziele und Ihre Zielgruppe im Auge. Was auch immer Sie sich mit Ihrer Marke vorgenommen haben, kann sich aufgrund neuer Trends, Anforderungen und Bedürfnisse der Zielgruppe ändern. Und manchmal muss man auch seine persönlichen Ziele oder die Zielgruppe ändern.
- Konzentrieren Sie sich auf Ihre Botschaften. Man wird nicht zur Marke, indem man beschließt, eine Marke zu werden. Eine Marke erfordert Sichtbarkeit, Hörbarkeit, Akzeptanz und Bekanntheit. Deshalb kommunizieren Sie regelmäßig die Inhalte, die Ihnen wichtig sind. Kommunizieren Sie dabei klar und verständlich. Und achten Sie darauf, dass Sie mit Ihren Inhalten Ihre Zielgruppe inspirieren. Nur so erhalten Sie die notwendige Aufmerksamkeit, um bei Ihrer Zielgruppe im »relevant set« zu landen.
- Bleiben Sie offen und neugierig. Achten Sie darauf, was man über Sie spricht. Stellen Sie Fragen, damit Sie direktes Feedback erhalten. Achten Sie auch auf Themen, die für Ihre Zielgruppe gerade relevant sind, und steigen Sie in den Dialog ein. M wie Marke heißt nicht M wie Monolog.
- Schärfen Sie Ihren Wiedererkennungswert. Sie haben Ihren eigenen Stil (in der Optik, in der Sprache) definiert? Dann versuchen Sie, diesen so oft wie möglich in Szene zu setzen, ohne dabei allerdings aufdringlich und verkünstelt zu wirken. Und denken Sie daran, dass es viele Kontaktmöglichkeiten braucht, bevor Ihre

Zielgruppe erkennt, dass Sie etwas Einzigartiges und Wiedererkennbares an sich haben.

- Seien Sie leidenschaftlich. Nur wer etwas mit Leidenschaft macht, bleibt dran. Wenn Sie sich quälen müssen, werden Sie schnell die Lust und Energie verlieren, den angefangenen Weg fortzusetzen. Als Marke brauchen Sie Leidenschaft und Engagement, damit Sie in Ihrer Zielgruppe überhaupt wahrgenommen werden. Ein verbindliches, nachhaltiges und verlässliches Auftreten, ob in der Gesellschaft oder in den sozialen Medien, ist einer Ihrer wichtigsten Erfolgsfaktoren als Marke.

Jeder Mensch ist schon eine Marke im Sinne der Einzigartigkeit. Im Grunde geht es darum, die Stärken auf allen Ebenen zu zeigen und zu inszenieren und (vorhandene) Potenziale zu heben. Und all das zusammen überzeugend und vor allem auf Dauer nach außen zu kommunizieren. Das ist wie bei allen anderen Marken auch: eine Marke mit Vorstellungen zu hinterlegen und damit ein klares, unverwechselbares und natürlich begehrenswertes Bild bei der Zielgruppe zu verankern. Dafür braucht es

- eine ganzheitliche und empathische Markenführung,
- Mut, etwas Neues zu wagen,
- Bewusstsein für die eigene Herkunft,
- den Anspruch, auch in kritischen Zeiten mit Verlässlichkeit und Qualität zu überzeugen,
- das Erkennen der aktuellen Kundenbedürfnisse und -wünsche,
- Neugierde auf die Zukunft.

Das ist die beste Voraussetzung dafür, dass Sie eine starke Marke erschaffen und diese auch künftig stark und unverwechselbar halten.

Also beginnen Sie damit, die Vorstellung in den Köpfen Ihrer Zielgruppe zu verankern. Lassen Sie es eine gute Vorstellung werden und vor allem: Haben Sie Spaß und Freude daran.

Die Autorin

 **Anke Hommer** hat Volks- und Betriebswirtschaftslehre mit Schwerpunkt Markt- und Werbepsychologie an der LMU in München studiert. Die Diplom-Kauffrau blickt auf mittlerweile mehr als 25 Jahre Berufserfahrung in der Unternehmenskommunikation und im Marketing zurück.

Als Führungskraft in internationalen Finanzkonzernen (u.a. HypoVereinsbank, Activest und UniCredit) verantwortete sie neben strategischen Aufgaben (u.a. Euro-Einführung, Mergers & Acquisitions) inhaltlich und konzeptionell den Markenaufbau und die globale Markenkommunikation.

Sie ist Gründerin und Inhaberin der Agentur DESIGN & ENERGY, mit der sie seit mehr als 10 Jahren Gründer und Führungskräfte, mittelständische Unternehmen und Großkonzerne sowie Non-Profit-Organisationen in allen Fragen des Markenaufbaus, der Markenpflege, der Definition von strategischen Markenauftritten und der operativen Umsetzung in relevanten Kampagnen auf allen Kanälen und Plattformen berät und unterstützt. Zu ihren Kunden zählen u.a. Opel, SAP, WWK Versicherungen und die DAB Bank (heute Consorsbank).

Bei ihren Projekten legt sie besonderen Wert auf einen **ganzheitlichen** Markenauftritt der von ihr betreuten Klienten, d.h., neben der strategischen Positionierung und den daraus resultierenden Marketingmaßnahmen kümmert sie sich auch um die Übersetzung der Markenwerte in die „Dimension Raum" (Büros, Shops, Messen, Event-Locations u.a.). Durch den nicht mehr wegzudenkenden Einfluss von Social Media ist das Thema Personal Branding zu einem weiteren Fokusbereich ihres Portfolios geworden. Daneben hält sie Vorträge zum Thema Marke und Markenkommunikation bei unterschiedlichen Anlässen.

Kontaktdaten der Autorin: www.design-energy.de

Literatur- und Quellenverzeichnis

Bott, Gergina: Report «Getting to Iconic«. Top-Marken setzen auf Künstliche Intelligenz, https://www.marconomy.de/top-marken-setzen-auf-kuenstliche-intelligenz-a-660604/

Brandt, Mathias: Werbeausgaben. Internet überholt Fernsehen, 29.3.2019, https://de.statista.com/infografik/5101/anteil-der-medien-an-den-werbeausgaben/

Brecht, Katharina: Ungewöhnliche Printanzeige. Warum Ikea Frauen auffordert, auf ein Magazin zu urinieren, https://www.horizont.net/agenturen/nachrichten/Ungewoehnliche-Printanzeige-Warum-Ikea-Frauen-auffordert-auf-ein-Magazin-zu-urinieren-163894

Bruhn, Manfred: Handbuch Markenführung: Kompendium zum erfolgreichen Markenmanagement. Strategien – Instrumente – Erfahrungen, 2. Auflage, Gabler Verlag, Wiesbaden 2004

ConAquila GmbH: Auf Kernkompetenzen konzentrieren, https://www.conaquila.de/2018/01/14/auf-kernkompetenzen-konzentrieren/

Deutsches Patent- und Markenamt: Markenschutz, https://www.dpma.de/marken/markenschutz/index.html

Dieline Media. Thedielime.com. Blog. Kohberg. Von Gina Angie, https://thedieline.com/blog/2011/10/24/kohberg.html

Esch, Franz-Rudolf: Corporate Brand Management: Marken als Anker strategischer Führung von Unternehmen, 4. Auflage, Gabler Verlag, Wiesbaden 2019

Esch, Franz-Rudolf: Handbuch Markenführung (Springer Reference Wirtschaft), Springer Verlag, Wiesbaden 2019

Esch, Franz-Rudolf: Strategie und Technik der Markenführung, 9. Auflage, Verlag Franz Vahlen, München 2017

EY: Leadership series: Purpose-driven leadership, https://www.ey.com/Publication/vwLUAssets/ey-purpose-driven-leadership/$File/ey-purpose-driven-leadership.pdf

Gray, Dave: Empathy Map, https://gamestorming.com/empathy-mapping/

Gruppe Nymphenburg Consult AG: Die Welt der Motive und Werte hinter Ihrer Marke auf einen Blick, https://www.nymphenburg.de/limbic-map.html

Gruppe Nymphenburg Consult AG: Ihre Zielgruppe(n) neuropsychologisch segmentiert, https://www.nymphenburg.de/identitaetsorientierte-markenführung-limbic.html

Haven, Kendall: Story Proof. The Science Behind the Startling. Power of Story, https://books.google.de/books?id=uspfMRlGXVoC&printsec=frontcover&dq=isbn:0313095876&hl=de&sa=X&ved=0ahUKEwiH9_CEgl7MAhXlhywKHaemBLUQ6AEIHTAA#v=onepage&q&f=false

Jung, Holger/von Matt, Jean-Remy: Momentum – Die Kraft, die Werbung heute braucht, Lardon Media AG, Berlin 2002

Kotler, Philip: Marketing Management, 6. Auflage, Prentice-Hall International Editions, New Jersey 1988

Kremming, Katharina: MessengerPeople Studie 2018 erschienen: WhatsApp schlägt Social Media und Live-Chat im Kundenservice, 5.11.2018, https://www.messengerpeople.com/de/messengerpeople-studie-2018/

Lindstrom, Martin/Pyka, Petra: Brand Sense: Warum wir starke Marken fühlen, riechen, schmecken, hören und sehen können, Campus-Verlag, Frankfurt 2011

Meffert, Heribert/Burmann, Christoph/Koers, Martin (Hrg.): Markenmanagement: Identitätsorientierte Markenführung und praktische Umsetzung, Springer Gabler Verlag, Wiesbaden 2013

MessengerPeople Studie 2018, https://www.messengerpeople.com/wp-content/uploads/2018/10/messengerpeople-studie-2018.pdf

Möll, Thorsten: Messung und Wirkung von Markenemotionen. Neuromarketing als neuer verhaltenswissenschaftlicher Ansatz, 18. 11.2018. Gesellschaft zur Erforschung des Markenwesens (G E M), http://www.gem-online.de/pdf/foren/Charts_Moell.pdf

Munzinger, Uwe: 11 Irrtümer über Marken: So gelingen Markenaufbau und Markenführung, Springer Gabler Verlag, Wiesbaden 2016

Munzinger, Uwe/Wenhart, Christiane: Marken erleben im digitalen Zeitalter: Markenerleben messen, managen, maximieren, Springer Gabler Verlag, Wiesbaden 2012

Naisbitt, John: Megatrends – 10 Perspektiven, die unser Leben verändern werden, Hestia Verlag, Bayreuth 1984

Ogilvy, David: Ogilvy über Werbung, Econ Verlag, Düsseldorf 1984

Rabe, L.: Anzahl der verfügbaren Apps in den Top App-Stores 2019, https://de.statista.com/statistik/daten/studie/208599/umfrage/anzahl-der-apps-in-den-top-app-stores

Rabe, L.: Anzahl der getätigten Downloads im Apple Store bis Juni 2017, https://de.statista.com/statistik/daten/studie/20149/umfrage/anzahl-der-getaetigten-downloads-aus-dem-apple-app-store/

Rabe, L.: Internetnutzung nach Endgeräten in Deutschland 2018, 16.10.2019, https://de.statista.com/statistik/daten/studie/912595/umfrage/internetnutzung-nach-endgeraeten-in-deutschland/

Rechtsanwalt Niklas Plutte, Kanzlei Plutte: Vor Markenanmeldung: Check auf absolute Schutzhindernisse, https://www.ra-plutte.de/vor-markenanmeldung-check-absolute-schutzhindernisse/

Rezo: Kopieren ist kein Journalismus, in: Der Spiegel, Nr. 36 vom 31.8.2019, S. 114

Sinus-Institut: SINUS-Lösungen, https://www.sinus-institut.de/sinus-loesungen

Spotz, Susanne: Volvo Trucks. Gewagter Stunt mit Jean-Claude van Damme, 15.11.2013, https://www.eurotransport.de/artikel/volvo-trucks-gewagter-stunt-mit-jean-claude-van-damme-6519365.html

Statistisches Bundesamt: Bevölkerungsstand. Bevölkerung auf Grundlage des Zensus 2011 nach Geschlecht und Staatsangehörigkeit im Zeitverlauf, https://www.destatis.de/DE/Themen/Gesellschaft-Umwelt/Bevoelkerung/Bevoelkerungsstand/Tabellen/liste-zensus-geschlecht-staatsangehoerigkeit.html

Thompson, Andrew: Google's Mission Statement and Vision Statement (An Analysis), 13.02.2019, http://panmore.com/google-vision-statement-mission-statement

Versandhausberater.de: Nachrichten aus dem Versandhandel. 10 Gründe, warum Ihre Schriftart wichtig ist, 11.5.2007, https://www.versandhausberater.de/aktuell/db/f6e06 644c3fb17c52be6bd0421b599b9.html

Wala, Hermann H.: Meine Marke: Was Unternehmen authentisch, unverwechselbar und langfristig erfolgreich macht, Redline Verlag, München 2018

Wilke, Anna: Marketing: Was das Logo über Ihre Firma aussagt, https://www.impulse.de/management/marketing/firmenlogo-psychologie/2189720.html | Grafik: https://www.impulse.de/wp-content/uploads/2016/01/infografik-the-psychology-of-logo-designs-by-colourfast-1.jpg

Abbildungsverzeichnis

Abb. 1:	Titelseite Markendossier	16
Abb. 2:	Musterbeispiel für eine Seite »Inspirationen & Ideen« im Markendossier	17
Abb. 3:	Musterbeispiel für eine Seite »Marktanalyse« im Markendossier	21
Abb. 4:	Beispiel für einen Mitbewerbervergleich	23
Abb. 5:	Musterbeispiel für eine Seite »Mitbewerberanalyse« im Markendossier	24
Abb. 6:	Sinus-Milieus im Überblick	26
Abb. 7:	Limbic Map im Überblick (© Dr. Hans-Georg Häusel / Gruppe Nymphenburg Consult AG)	27
Abb. 8:	Limbic Types im Überblick (© Dr. Hans-Georg Häusel / Gruppe Nymphenburg Consult AG)	27
Abb. 9:	Beispiele Personas	29
Abb. 10:	Musterbeispiel für eine Seite »Kundenanalyse« im Markendossier	33
Abb. 11:	Musterbeispiel für eine Seite »Entwicklung & Trends« im Markendossier	34
Abb. 12:	Musterbeispiel für eine SWOT-Analyse	36
Abb. 13:	Musterbeispiel für eine Seite »Markenpyramide« im Markendossier (links die ausführliche Beschreibung, rechts die Pyramide im Überblick)	37
Abb. 14:	Das Kompetenz-Strategie-Portfolio	39
Abb. 15:	Grafik zur Einordnung und Klassifizierung der Markenwerte	48
Abb. 16:	Muster Empathie-Karte	64
Abb. 17:	Die vier Elemente der Corporate Identity	80
Abb. 18:	Corporate Design als Teil der Corporate Identity	82
Abb. 19:	Logo mit reiner Schrift: WWK Versicherung	87
Abb. 20:	Logo mit Schrift und Symbol: Fashion meets Elegance	88
Abb. 21:	Logo – nur Symbol: Transportunternehmen	88
Abb. 22:	»Restaurant« in den Schriften Myriad Pro, Lucida Bright und A Charming Font	90
Abb. 23:	Das NIVEA Logo von 1911 bis heute	93
Abb. 24:	Die vier Elemente der Corporate Identity	117
Abb. 25:	Corporate Behaviour als Bestandteil der Corporate Identity	119
Abb. 26:	Corporate Culture als Bestandteil der Corporate Identity	124

Abb. 27: Corporate Communication als Bestandteil der Corporate Identity 129

Abb. 28: Kommunikationskanäle 2016 und 2019 im Vergleich 140

Abb. 29: Das AIDA-Modell im Überblick 174

Abb. 30: Sales-Funnel-Modell im Überblick 174

Abb. 31: Beispiel Customer Journey 176

Abb. 32: Markenmanagement 195

Stichwortverzeichnis

A
AIDA-Formel 175
AIDA-Modell 174
Alleinstellungsmerkmal 42
Alterspyramide 62
Amt der Europäischen Union für geistiges
 Eigentum (EUIPO) 54
Apple 173

B
Basis-Markenwerte 43
Bildmarke 56

C
Call-to-Action 76
Claim 53
Content-Marketing 69
Conversion Rate 144, 175
Corporate Behaviour 81, 118
Corporate Culture 118, 124
Corporate Design 82
Corporate Purpose 72
Crowdsignal 31
Customer Journey 173
Customer Journey Map 176

D
Designkonzept 156
Deutsches Patent- und Markenamt
 (DPMA) 54

E
easyfeedback 31
Elevator Pitch 74, 76

Empathie-Karte 64
Empathie-Mapping 62

F
Farbmarke 57
Fast Moving Consumer Goods 18

G
Geschichten 71

H
Hörmarke 57

I
Ice-Bucket Challenge 147
Influencer 145, 180
Interior Design 159

K
Kauferlebnis 31
Kernkompetenz 37, 38
Kommunikationsbudget 22
Kommunikationskanäle 23
Kompetenz-Strategie-Portfolio 39
Kundenanalyse 24, 33
Kundendialog 180
Kundennutzen 41
Kundenräume 163

L
Limbic Map 27
LimeSurvey 31

M

Markenanmeldung 54
Markenbotschafter 13
Markendossier 17, 21, 24, 32, 34, 35
Markeneintragung 54
Markenneueinführung 188
Markenpyramide 37
Markenrechte 54
Markenrelaunch 184
Markenrepositionierung 188
Markenrevitalisierung 184
Markenschutz 11, 54
Markenüberwachung 54
Markenumfeld 180
Marken- und Ähnlichkeitsrecherche 55
Markenwerte 42
Markenwerteliste 47
Marktanalyse 15, 17
Marktdaten 19
Marktentwicklung 20
Marktmonitoring 35
Marktpotenzial 20
marktspezifische Strategien 22
Marktstudien 35
Markttrends 20
Media Reporting 177
Messenger-Dienste 146
Messepersonal 169
Mitbewerber 15, 22
Mitbewerberanalyse 15, 17, 22, 24, 49, 189
Mitbewerbervergleich 23
Modeerscheinung 62
Modell Limbic 26
Moments of Truth 153
multisensuale Markenführung 111
multisensuale Präsentation 113

N

Nachahmer 57
Netflix 143
Neuropsychologie 26
Nivea 185
Nizza-Klassen 54
Nokia 182
No-Name-Produkt 111
Nutzungsverhalten 28

P

Pain Points 177
Patent 54, 57
People Branding 197
Persona 28, 177
Personenmodell 46
Point of Touch 13
positive Emotionen 66
Preissensibilität 28
Pricing 22
Purpose 73

R

Raum-Branding 162
räumliches Erleben 12
Raumpsychologie 160
Reichweitenaufbau 145
Repositionierung 184
Rügenwalder Mühle 183

S

Sales Funnel 174, 175
Sinus-Milieus 25
Slogan 53
SMART-Formel 59, 192
soziale Medien 23

Stärken-Schwächen-Profil 23
Steve Jobs 173
Storytelling 66, 69
Streamingdienst 182
strukturierte Kundenbefragung 31
Suchmaschinen 19
SurveyMonkey 31
SWOT-Analyse 35, 36
Synästhesie 111

T
Tattoos 68
Testimonial 151
Touchpoint 176, 177
Trendforschung 35
Trends 34, 49
TV-Werbung 194

U
Unique Selling Proposition (USP) 49

V
Veranstaltungen 171
Vertriebsgebiet 25
Visionen 58

W
Web-Analytic 177
Weltorganisation für geistiges Eigentum
  (WIPO) 54
Wiedererkennungswert 199
Wohlfühlatmosphäre 168
Wort-Bild-Marke 56
Wortmarke 56

Z
Ziele 58
Zielgruppe 25, 61
Zielgruppensegmentierung 28
Zukunftstrend 62

Exklusiv für Buchkäufer!

Ihre Arbeitshilfen zum Download:

▶ http://mybook.haufe.de/

▶ **Buchcode:** GND-7296